Ist das nicht sehr gefährlich? Und: Wie machen Sie das nur ohne Kofferraum, wenn Sie verreisen?
So lauten zwei der beliebtesten Fragen an den Motorradfahrer. Was soll er antworten? Dass es schöner ist, mit der Hand Gas zu geben als mit dem Fuß? Dass die frische Luft, die gegen den Helm knallt, auf alle Fälle der Sicherheit eines Airbags vorzuziehen ist? Natürlich wird jeder halbwegs vernünftige Mensch abraten – die Fraktion der Besorgten bröckelt allerdings langsam: Immer mehr Menschen entdecken die Lust am schwerelosen Tanz auf zwei Rädern, das Bike hat Konjunktur. Unter dem Motto »Es geht auch ohne Kofferraum« schreibt Moritz Holfelder beschwingt über die Kunst, ein Motorrad zu fahren.

Moritz Holfelder, geboren 1958, Journalist und Biograf des Alltags, hat bereits ›Das Buch vom Motorrad. Eine Kulturgeschichte auf zwei Rädern‹ verfaßt.

Moritz Holfelder

Motorrad fahren

Kleine Philosophie der Passionen

Deutscher Taschenbuch Verlag

Originalausgabe
Juni 2000
© Deutscher Taschenbuch Verlag GmbH & Co. KG, München
www.dtv.de
Das Werk ist urheberrechtlich geschützt.
Sämtliche, auch auszugsweise Verwertungen bleiben vorbehalten.
Umschlagkonzept: Balk & Brumshagen
Umschlagbild: © Alfons Holtgreve
Satz: Design-Typo-Print GmbH, Ismaning
Gesetzt aus der Bodoni Book 12/14 Punkt (QuarkXPress 3.32 Mac)
Druck und Bindung: C. H. Beck'sche Buchdruckerei, Nördlingen
Gedruckt auf säurefreiem, chlorfrei gebleichtem Papier
Printed in Germany · ISBN 3-423-20363-3

Inhalt

Augen

Irgendwann fingen die Dinge an, sich zu bewegen. Die vorwiegend statische Phase des Lebens der Menschen ging zu Ende und das Zeitalter der Dynamik, der Industrialisierung und der Mobilität begann. Um 1800 waren es lediglich 30 000 Bewohner von rund 40 Millionen Bürgern deutscher Kleinstaaten gewesen, die jemals ihren Wohnort verlassen hatten. 100 Jahre später waren Millionen unterwegs. Dieser Wandel zeichnete sich vor allem durch seine Geschwindigkeit aus, was nicht nur bedeutete, dass die Entfernungen scheinbar schrumpften und alles sehr viel schneller vorangetrieben wurde als bisher, nein, das Tempo wurde zu einem absoluten Wert. Zu einem neuen Maßstab für das Leben. Das Rennen um die Zeit hob an. Wer ist schneller? Wer bricht den Rekord? Wer ist noch schneller?

Gleichzeitig ratterten Bilder dieses beschleunigten Lebens mit unglaublichen 24 cm pro Sekunde über unsere Netzhaut: im Kino. Die Menschen auf der Leinwand waren meist unterwegs, im Zug oder auf einer Rakete Richtung Mond oder zu sich selbst. Und draußen schoben sich die frisch geteerten Straßen unter den just motorisierten Gefährten durch wie Filmstreifen, die sich an den Zahnrädern des Projektors entlangtasten. Die Bewegung als vorwärtsdrängendes Prinzip ist dem Kino genauso zu eigen wie jedem von einer Kraftquelle getriebenen Gefährt. Das ist beider Bestimmung. Beide treiben etwas voran, sie verbreiten

denselben Geist des Aufbruchs in die Moderne. Das erste Serienfahrzeug mit der offiziellen Bezeichnung *Motorrad* wurde 1894 patentiert. Im selben Jahr arbeiteten besessene Tüftler an der ersten öffentlichen Filmvorführung, die dann 1895 stattfinden konnte.

Das Motorrad tauchte bald auf der Leinwand auf, das instabile Fahrzeug auf zwei Rädern verhieß ein besonders waghalsiges Schauspiel: Spektakel und Sensation. Bald fingen die Menschen an, ihre Sehnsüchte gleichermaßen auf eine chromglänzende Maschine wie auf das perfekt ausgeleuchtete Gesicht eines Schauspielers zu projizieren. Noch immer zählt hier wie dort die Qualität des Auftritts. Sehen und gesehen werden. Die Augen kaufen mit beim Erwerb eines Bikes, viel mehr als etwa beim Autokauf. Motorräder sind Augenmaschinen. Sie sind nicht nur schön anzuschauen, sondern *auf ihnen* sehen wir die Welt auch mit anderen Augen. Motorradfahren als eine Schule der Wahrnehmung. Perzeption und Impression. Aber auch: Beobachten und Erfassen. Es ist ein ständiges Hin und Her zwischen sinnlichen Eindrücken und vorausschauender Vorsicht. Ein höchst komplexer und sehr intensiver Vorgang. Motorradfahrer müssen der eigenen Sicherheit wegen alles sehr aufmerksam erspähen, bis in den Rand des Blickfeldes hinein, und dann die Sicht wieder auf den Horizont fokussieren. Das erfordert stetes Umschalten zwischen Detail- und Panoramaaufnahme. Der Ausschnitt, den der Helm durch das Visier freigibt, ist wie ein Filmbild. Eine Projektion des Reisenden hinaus in die Welt, die an ihm vorüberzieht, vorbeirollt. Für die Montage der Bilder sorgt der Fahrer selbst. Er ist Regisseur, Hauptdarsteller und Kameramann in einem. Was zählt, ist die subjektive Sicht. Straßen ziehen über seine Netzhaut. Erinnerungsfetzen bleiben zurück. Tunnel, die einen verschlucken und danach in blendende Helligkeit ausspeien. Häuser am Rand des Weges. Enge Kurven in Wäldern, die erst spät den Blick wieder freigeben. Ein *Road-Movie*. Wie das Daumenkino in diesem Buch. Hier finden Film und Fortbewegung zusammen, wenn das kleine, schwarze Motorrad von Seite zu Seite rast. So offenbart dieses Buch schon beim schnellen Durchblättern sein Thema: Bewegung.

Irgendwann fingen die Dinge an, sich zu bewegen.

Ein Mann in Ledermontur – reglos dastehend, argwöhnisch begafft

Manchmal tanzen die Straße und die Maschine einen Pas de deux.
John Berger, Schriftsteller und Motorradfahrer

Männer sind selten beides –
entweder sind sie Tänzer oder Motorradfahrer.
Almud Kunert, Illustratorin und Tangotänzerin

Ich arbeite in einer öffentlich-rechtlichen Anstalt. Das bedingt eine gewisse Kleiderordnung, ein ungeschriebenes Gesetz des richtigen Auftretens. Man(n) kommt im Anzug oder wenigstens mit Jackett. Nicht zu modisch, keine Designerware, vielmehr gut abgehangene Kleidung, die etwas in die Jahre gekommen ist. Korrekt, aber nicht Aufsehen erregend. Keinesfalls zu individuell. Wenn man so will: der Habit von Beamten. Man befindet sich schließlich nicht in der freien Wirtschaft, muss sich nicht nach dem Motto *Kleider machen Leute* dekorieren, sondern besetzt eine Planstelle auf Lebenszeit, was an der Garderobe unmissverständlich ablesbar ist. Man muss nicht auffallen und will auch nicht auffallen. Warum auch? Lang lebe die Konfektion.

Meine Ledermontur hingegen ist maßgeschneidert. Ich hatte wenig Geld in jungen Jahren und fuhr damals, irgendwann Ende der siebziger Jahre, zu einem betagten Biker-Couturier nach Niederbayern, ans Ende der Welt, zu einem Handwerker, der individuelle Kombis für einen

Spottpreis schneiderte. Ich glaube, so um die 400 DM habe ich damals bezahlt, einschließlich einer Spraydose mit Bienenwachs zur Pflege des Leders. Mit dieser Montur bin ich heute noch unterwegs, dunkelblau mit zwei weißen Streifen an jedem Ärmel, und nicht wenig stolz darauf, dass sie mir nach 20 Jahren noch passt, wenn auch knapp, vor allem beim Bücken. Der Schneider hatte mir damals versichert, er würde meinen Maßen aus Erfahrung um den Bauch herum sowieso ein paar Zentimeter Reserve zugeben.

Mit dieser Maßkombi, die mir wie kein anderes meiner Kleidungsstücke zur zweiten Haut geworden ist, stehe ich also morgens zwischen den öffentlich-rechtlichen Menschen von der Stange im Lift der Anstalt. Ich muss in den zwölften Stock. Eine mitunter lange Fahrt. Der reglos in der Ledermontur dastehende Mann wird argwöhnisch begafft. Was sucht der hier? Hat er sich verirrt? Ein Motorradkurier? Verstohlene Blicke. Manchmal sage ich etwas, zum Beispiel, wenn ich die Hände nicht frei habe, in der einen den Helm, in der anderen meine Tasche: *Könnten Sie bitte den zwölften Stock für mich drücken?* Erstaunen. Der Mann in Ledermontur kann sprechen. Das hätten wir ihm gar nicht zugetraut. In manche Gesichter steht das Klischee vom Biker geschrieben und dann die Ungläubigkeit, doch ein Mitglied der Zivilisation vor sich zu haben. Tatsächlich. Er sagt *bitte*! Wie man sich doch täuschen kann. Mitunter ernte ich, ist die Scheu erst einmal überwunden, sogar ein mitleidiges *Ist es nicht schon zu kalt dafür?* oder ein versöhnliches *Ich bin als junger Mann auch gefahren, eine NSU. Gibt's die noch?* Nein, die gibt es

nicht mehr, aber schließlich zählt der gute Wille und nicht die zur Floskel erstarrte Frage. So steige ich also morgens aus dem Lift, als wohl gelittener Exot, als kleine willkommene Abwechslung einer faden Fahrstuhletappe Richtung Arbeit, als noch tolerable Verunsicherung eines fest gefügten Weltbildes, in dem Motorradfahrer allenfalls als fragwürdige und/oder bemitleidenswerte Existenzen einen Platz am Rande einnehmen.

Manchmal, wenn ich bereits mittags mit der Arbeit fertig bin, bringe ich gerne was nach Hause mit, kaufe in einer der noblen Konditoreien Münchens ein paar Stück Kuchen. Ein besonderes Vergnügen in Motorradkluft. Die Flügel der automatischen Türe schwingen auf und geben den Weg frei, ich marschiere hinein in die aufgeräumte Welt der Torten und Pralinen, der süßen Füllungen und zartbitteren Glasuren. Ich lege meinen Helm auf die spiegelnde gläserne Theke, warte, bis ich dran bin. Wenn nachmittags vorwiegend ältere Damen das Café bevölkern, ist mir ein überraschender Auftritt gewiss. Verstohlen blickt mich die Bedienung im gestärkten weißen Schürzchen über der rosa Bluse an, bevor sie mir schließlich offen ihr Gesicht zuwendet. Ich werde nicht wie die Kunden vor mir freundlich aufgefordert: *Was kriegen Sie, bitte schön?*, sondern man hält es für nötig, erst einmal die Gesinnung und damit meine Zugangsberechtigung zu überprüfen. Der Radikalenerlass. Aber vielleicht ist alles auch nur ein Irrtum. Die speziell auf mich abgestimmte Frage lautet jedenfalls: *Sind Sie dran?*, was eigentlich heißen soll: *Wie sind Sie hier reingekommen?* Spätestens jetzt scheint mir die ungeteilte Aufmerksamkeit des Publikums sicher, oder zumindest die aller Leute in Hörweite. Nur die unzweifelhaft teuer und ausgesprochen schmuck gekleidete Dame neben mir demonstriert die lässige Ignoranz, die offenbar mit großem Vermögen einhergeht, und steht über den Dingen. Auch ich übergehe die zwar im Ton devote, aber umso abgefeimtere Unterstellung der Verkäuferin und äußere emotionslos meinen Wunsch: *Zwei Stücke Luitpoldtorte, einen Käse- und einen Himbeerkuchen, bitte.* Ohne sich etwas anmerken zu lassen, setzt die Frau hinter der Theke mit dem Tortenheber ein Kuchendreieck nach dem anderen auf den kleinen, weißen Pappdeckel, zieht mit einer in langen Dienstjahren geübten Bewegung Papier von einer Rolle, reißt es mit einem Ruck ab und schlägt es perfekt um meine Bestellung. Als sie mechanisch die Ecken knickt und in das Päckchen einfaltet, blickt sie mich wieder an und erkundigt sich mit verbindlichem Naserümpfen nach meinen weiteren Gelüsten: *Darf's noch was sein?* Ich kann nicht widerstehen und verlange 100 Gramm Pralinen, *die Hausmischung bitte, und hübsch verpackt, für meine Frau.* 98 Gramm zeigt die Waage an, genug, meint offensichtlich die Verkäuferin, denn sie formt dem durchsichtigen Zellophantütchen schon den schlanken Hals für die Schleife, doch ich finde, es ist zu wenig, und verlange mehr: *Ach, ruhig noch zwei Stück bitte von dem Zartbitter-Marzipan mit den Walnüssen.* 121 Gramm zeigt jetzt die Waage. Offenbar mehr als genug, denn die Frage nach einem eventuell nächsten Wunsch unterbleibt diesmal, ich werde nur mehr mit trockenem Zahlenwerk bedacht:

27 Mark 60. Ich verkneife es mir, mit Kreditkarte zu zahlen, lege zwei Geldscheine in die Kassen-Mulde, warte auf das Wechselgeld und verabschiede mich dann mit einem verbindlich gesprochenen: *Einen schönen Tag noch!* Das verwirrt die Frau. Unsicher lächelnd antwortet sie: *Danke, Ihnen auch.* Die Vorstellung ist vorbei, die Übergabe von vier Stück Kuchen an einen Mann in einer dunkelblauen Ledermontur abgeschlossen – eigentlich war sie des Aufhebens nicht wert. Die älteren Damen im Café haben längst das Interesse verloren und widmen sich wieder dem Kampf mit ihren Diät-Plänen. Die Verkäuferin, die mich bediente, ist schon beim nächsten Kunden, kümmert sich flötend um die teuer und elegant gekleidete Dame. Jetzt wird wieder ganz anders gefragt: *Haben Sie sich bitte schon entschieden? Oder darf's wie immer sein?*

Viele Menschen können überhaupt nicht verstehen, warum ich mir das eigentlich antue, das mit dem Motorrad. Ihre Ermittlungen in dieser Angelegenheit sind stereotyp: *Ist das nicht sehr gefährlich?* Ich antworte, *Rauchen ist gefährlicher.* Unverständnis blickt mich an. Nun gehe ich zur Attacke über. *Raucher haben eine zehnmal höhere Todesrate als Motorradfahrer!** Das Argument sitzt. Verunsicherung macht sich breit. *Rauchen Sie denn?* Eine unangenehme Frage. *Ah!* Betretenes Schweigen. In

* Die genauen Zahlen für Deutschland laut Statistiken aus dem Jahr 1997 bzw. 1998: Von 100 000 Rauchern sterben jährlich 350 an den Folgen des blauen Dunstes, von 100 000 Motorradfahrern finden 35 den Tod auf der Straße.

leichtem Ton setze ich noch hinzu, ich hätte mich für das Motorrad entschieden, das sei weniger gefährlich. Dass ich selbst ab und zu rauche, verschweige ich, auch wenn's gemein ist. Wenn ich gut gelaunt bin, erzähle ich noch die hübsche Anekdote des 65-jährigen Amerikaners, eines Guzzi-Fans, der aufgehört hat zu rauchen, weil er dann länger leben wird und vermutlich ausgiebiger Motorrad fahren kann. Eine gute Aussicht.

Harmloser sind andere Fragen: *Werden Sie nicht nass, wenn es regnet? Ist das nicht unangenehm?* Die rhetorische Gegenfrage erfüllt in solchen Fällen meist ihren Zweck, schnell und gründlich: *Was machen Sie denn, wenn es beim Skifahren plötzlich anfängt zu schneien? Ist das nicht scheußlich?* Klar, lieber kein Regen, lieber kein Schneefall, lieber den ganzen Tag strahlenden Sonnenschein und blauen Himmel. Lieber viel Geld auf der Bank und keine Sorgen. Und so weiter. Vielleicht sind Motorradfahrer einfach vertrauter mit den Kalamitäten des Lebens, haben sich mit dem Ungemach arrangiert, schätzen es sogar in gewissem Sinne, wollen es nicht entbehren als wichtiges Regulativ für das eigene Richtmaß des Glücks. Das alte philosophische Gleichnis: kein Glücksempfinden, ohne je Pech gehabt zu haben; kein Tag ohne Nacht, keine Sonne ohne Regen. Kein Genuss ohne Gefahr. Kein Spaß ohne Motorrad?

Andere Ermittler forschen neugierig nach ganz konkreten Dingen. *Wie machen Sie das ohne Kofferraum, wenn Sie verreisen?* Meist verblüfft die Leute meine simple Antwort und zaubert ihnen ein verstehendes Lächeln aufs Gesicht: *Ich nehme weniger mit!*

Am schönsten sind natürlich die Momente, in denen man tatsächlich jemanden überzeugen kann.

In einem einsam in einem Hochtal gelegenen Hotel, in dem ich einmal übernachtete, hatte ich mich am Abend nach dem Essen mit einer Frau unterhalten. Als sie hörte, dass ich ein Buch über das Motorradfahren schreiben wolle, fragte sie nach, was mich daran so fasziniere. Es ist nicht einfach, jemandem das Besondere des Motorradfahrens verständlich zu machen. Warum? Passionen haben etwas sehr Intimes, mit einem direkten Draht ins Unterbewusste. Das breitet man nicht so mir nichts, dir nichts vor jemandem aus, sofern man sich über seine Leidenschaft selbst im Klaren ist. Ich zählte also auf, was man in solchen Fällen so aufzählt, beschrieb die große Unmittelbarkeit der Fortbewegung auf zwei Rädern, den Wind, die Gerüche, das Spiel mit der Schwerkraft, die Kunst der Schräglage, die Beschleunigung, das Übliche eben. Die Frau sagte *ja* und *hm* und *ach so* und *schön* und *das wusste ich gar nicht*. Aber das würde sie vermutlich auch gesagt haben, wenn ich ihr vom Segeln, Fotografieren oder dem Sammeln von Designerstühlen berichtet hätte. Am nächsten Morgen, als ich gerade in der Auffahrt vor dem Hotel meine Maschine wieder belud, kam die Frau erregt auf mich zugelaufen und sagte, sie hätte gerade den Bus zum Bahnhof verpasst, ob ich nicht jemanden wüsste, der sie schnell mitnehmen könne. Ich verneinte, bot ihr aber gleich darauf meine Dienste an. Im selben Moment verfluchte ich mich, denn wie sollte das gehen? Sie hatte natürlich keinen Helm dabei, trug einen kurzen Rock mit einem langen Mantel drüber und hatte eine große

Reisetasche in der Hand, außerdem war es spät im Jahr und deshalb schon ziemlich kalt in der Früh. Sie schien bereit, knöpfte entschlossen ihren Mantel zu, raffte ihn etwas mit den Händen und schaute mich auffordernd an, ob das genüge. *Es wird Ihnen kalt werden,* gab ich zu bedenken. *Macht nichts.* Ich ließ die Maschine an, stieg auf, dann stieg sie auf, quetschte ihre Tasche zwischen uns und gab das Kommando zur Abfahrt. *Los!* Es waren ungefähr 20 Kilometer bis zum Bahnhof. Eine lange Strecke ohne Helm. Ich betete, dass uns kein Polizist begegnen möge, und gab Gas. Ich fuhr lieber nicht zu schnell, eher das Tempo eines Flaneurs. Locker schwangen wir durch ein paar Kurven, die Frau war nicht schreckhaft, sie genoss offensichtlich die Fahrt, wir rollten ein paar Kilometer am Fuß der Berge entlang, eine fast gerade Strecke mit einem großartigen Blick auf das Zugspitzmassiv, am Ende noch einmal eine Kurvenkombination mit weiten Radien, aber deutlicher Gewichtsverlagerung. Links. Rechts. Links. Rechts. Links. Rechts. Noch zwei Ampeln, dann standen wir vor dem Bahnhof. Sie stieg ab, blickte auf die Uhr, fuhr mit den Fingern kurz durch ihre Haare. Ihr rechtes Auge tränte und ihre Nase war rot. Der Motor lief noch, sie bedankte sich, nahm ihr Gepäck und sagte, bevor sie verschwand: *Ich weiß jetzt, was Sie meinen, was Sie gestern Abend erzählt haben, ich verstehe Sie. Das macht süchtig.*

Es klang, als würde sie ein paar Stunden später irgendwo aus dem Zug steigen, in ein Geschäft gehen und zum Verkäufer sagen: *Ich nehme die da, die rote. Und einen Helm brauche ich auch. Und ... ah ja, fast*

hätt ich's vergessen, können Sie mir sagen, wo man den Führerschein dafür machen kann?

Dichtung und Wartung:
Von Schrauben, Müttern und anderen Kleinigkeiten

Ich schraube an meinem Motorrad nicht herum, ich fahre lieber.
Elke Menter, Besitzerin einer Ducati Monster

Ma' braucht halt auch a weng was Haptisches.
Jochen Wagner, Besitzer u.a. einer Ducati 916

Ich bilde mir ein, eine Gabe zu besitzen. Eine seltene Gabe. Vielleicht ja eine einzigartige Gabe. Ich nehme Bücher zur Hand (natürlich welche, die ich noch nicht kenne, sonst wäre es ja witzlos) und schlage sie verblüffend oft und genau an der Stelle auf, an der etwas über Motorräder geschrieben steht. Ich sehe einem Buch schon von außen an, ob in ihm einer über Motorräder geschrieben hat oder nicht. Oft sind es Jugenderinnerungen oder autobiografisch geprägte Romane von Männern, meist über die Faszination, die Motorräder auf sie ausüben. Über Gefühlserlebnisse, in denen Angst und Sehnsucht untrennbar ineinander fließen.

Vermutlich ist es gar keine Gabe, sondern einfach eine Wahrnehmungstäuschung: Wenn man im Begriff ist, Vater zu werden, ist die Stadt plötzlich voll schwangerer Frauen und vollkommen verstopft mit Kinderwägen. Überall schreit und plärrt es. Vielleicht ist das

19

mit der Gabe also eigentlich ein Fluch, wie bei König Midas, dem alles zu Gold wurde, was er anfasste.

Noch aber bin ich nicht so weit, meine Hände zurückzuziehen, wenn sie in die Nähe eines verdächtigen Buches kommen. Ich greife in einem Antiquariat also in ein Regal und ziehe ein dünnes Bändchen heraus, ein Taschenbuch, ›Das Großelternkind‹ von Gerhard Zwerenz, in dem der 1925 im Vogtland geborene Autor seine irgendwie mythische Kindheit beschreibt, die er wechselweise bei seinen beiden sehr unterschiedlichen Großelternteilen verbracht hat. Ich schlage wahllos Seite 85 auf und da steht geschrieben: *Martin Schmeer saß in der Schulbank hinter mir. Er war zierlich und hellblond. Ein verträglicher Kerl, bloß nervte er uns alle mit seinem Motorrad-Fimmel. Mitten im Unterricht breitete Martin die Arme aus und handhabe die imaginäre Lenkstange seines imaginären Motorrades.*

Na bitte. Treffer.

Rrrrrrrrrrrrrrrrrrrrrrrrrrrrr

Ich hatte es wieder geschafft, sie zufällig aufgespürt, die einzige Stelle des Buches, die, wie ich später beim Lesen feststellte, von Motorrädern handelt.

Man wusste nie, wann Martin Schmeer Gas gab. Offenbar fuhr er eine sehr schwere Maschine. Kein anderer Motor klang so tief, dröhnte so ungeheuerlich, schwoll so hoch an im Ton.

Im Folgenden erzählt Gerhard Zwerenz, wie er sehr viel später, nach zehnjähriger Abwesenheit, heimkam und seinen alten Schulkameraden Martin Schmeer besuchen wollte. Doch der hatte sich inzwischen mit einer Fünfhunderter-Vorkriegs-BMW ums Leben gebracht.

Ein Stahlmast hatte ihm bei einer Nachtfahrt den Kopf vom Rumpf getrennt. Zurück blieb nur die kaum beschädigte Maschine, die, wie Zwerenz es beschreibt, Vater Schmeer vor lauter Wut und Trauer mit dem schweren Vorschlaghammer in winzige Teile zerschlug.

Ich erinnere mich sehr genau an die manchmal kaum nachvollziehbare, scheinbar irrationale Angst meiner Eltern, ihrem Kind könne etwas zustoßen, vor allem als es anfing Motorrad zu fahren. Meine Mutter ist heute noch jedes Mal froh und erleichtert, wenn ich von einer meiner Touren zurückkehre – als wär's eine gefährliche Odyssee gewesen mit Skylla und Charybdis links und rechts der Straße.

Und ich erinnere mich genau, wie mich als Bub Motorräder fesselten, und vermeine dabei die Warnungen wieder zu hören, die damals an mein Ohr drangen. Dies sei gefährlich und jenes und Motorräder sowieso.

Wir Kinder haben die Warnungen der Eltern natürlich nie richtig ernst genommen. Oder anders ausgedrückt: Wir glaubten unterscheiden zu können zwischen den Verweisen auf ernsthafte Gefahren und eben jenen gebetsmühlenartig wiederholten Beteuerungen, dieses sei riskant und jenes gewagt.

Wir waren zu dritt, zwei Verbündete aus der Nachbarschaft und ich, und wir hatten einen Sommer lang am Rande des großen Ackers unweit unserer Straße eine Victoria Vicky mit 50 ccm versteckt, die wir gemeinsam gefunden und aus einem Gebüsch gezogen hatten. Sie sah ziemlich demoliert aus, jemand musste

sie weggeschmissen haben. Wir flickten die Reifen, reparierten notdürftig den Sattel und fuhren mit ihr in der Dämmerung immer abwechselnd um den Acker, stürzten uns todesmutig in morastige Löcher. Dann musste jeder von uns wieder nach Hause zum Abendessen.

Wir hatten vereinbart, dass man nur mit der Vicky fahren dürfe, wenn die anderen beiden auch dabei wären, aber dieses Abkommen war nie wirklich ratifiziert worden, denn es war zu verlockend gewesen, das verbotene Gefährt einmal länger und ohne die eifersüchtige Kontrolle durch die anderen minderjährigen Motoristen zu bewegen. So passierte es, dass ich mich heimlich allein zum Acker schlich, in Vorfreude fiebernd, und ernüchtert feststellen musste, dass mir einer meiner Kumpane bereits zuvorgekommen war. Diese Verstöße wurden stillschweigend toleriert, letzten Endes, weil wir zusammenhalten mussten, wenn wir die Angelegenheit weiter geheim halten wollten.

Überraschenderweise war uns das Fahren nach ein paar Wochen gar nicht mehr so wichtig, es verlor von Tag zu Tag den prickelnden Reiz. Unser Ehrgeiz entzündete sich jetzt an ganz neuen Herausforderungen: Der Kupplungszug riss, die Trommelbremse des Vorderrades fing an zu quietschen und die Vicky kam ab dem dritten Gang nicht mehr richtig auf Touren. Wir fingen an zu schrauben. Zuerst dilettierend, aber mit der Zeit immer fachmännischer. Wir liehen uns in der Bücherei ein Buch über Motorradreparaturen aus, unternahmen mit ausgebauten Teilen kleine Exkursionen zu Werkstätten und ließen uns dort den richtigen Umgang mit den Dingen erklären.

Inzwischen denke ich, dass wir durch das Schrauben die eigene Angst, die immer mitfuhr, die wir uns aber nie eingestehen wollten, bekämpften: Die Angst vor einem Unfall und die Angst, erwischt zu werden – von den Eltern, von der Polizei oder von dem Bauern, dem der Acker gehörte. Das Schrauben bannte die Gefahr. So ließ sich das Maschinen-Ungeheuer domestizieren. Wenn man etwas auseinander bauen und wieder zusammenschrauben kann, lernt man es kennen, es verliert seinen Schrecken, man bekommt es und damit auch sich selbst in den Griff.

Einer meiner beiden Kumpel erzählte dann sogar seiner Mutter, dass wir an einem gefundenen Moped herumschraubten. Die Mutter stellte viele Fragen, wo wir denn das Motorrad herhätten, ob es ganz sicher niemandem gehören würde, vielleicht sei es gestohlen, ob wir nicht zur Polizei gehen wollten? Schließlich gab sie auf. Wir schraubten weiter, um den Beweis zu führen: Wer die Mechanik beherrscht, wird auch den Rest beherrschen.

Im Rückblick begreife ich das Schrauben an unserer Vicky als eine Form der Emanzipation von den Eltern, als einen Akt der Selbstbestätigung und Selbstvergewisserung. Das erlebte ich nochmals so, als ich mir Jahre später mein erstes Auto kaufte, einen VW Variant, und den allein reparierte. Ich musste damals die komplette Bremsanlage austauschen, dazu die Radlager, und an einigen Stellen schweißen. Das gab mir ein großartiges, bisweilen berauschendes Gefühl von Selbstständigkeit, vor allem nachdem dank der von mir ausge-

führten Arbeiten eine frische TÜV-Plakette mein Auto zierte. Ein Gefühl wie Weihnachten.

Mit dem Alter hat sich das verloren. Jetzt bin ich selber Vater von zwei Kindern, spreche Warnungen aus und verdiene genug Geld, um mein Auto und mein Motorrad in die Werkstatt geben zu können. Ein ebenfalls sehr angenehmes Gefühl, allerdings nie berauschend. Nur den Ölwechsel mache ich beim Motorrad noch selber und ich führe kleine Reparaturen durch, kümmere mich etwa um das Nachspannen der Kette oder die Erneuerung der Bremsbeläge, das Austauschen einer gebrochenen Tachowelle. Wenigstens ab und zu mache ich mir die Hände an meinem Motorrad noch ein bisschen schmutzig, sonst bliebe die Maschine kalt, würde nicht mehr an mein Herz rühren. Tatsächlich hat man zu einem Motorrad eine ganz andere emotionale Beziehung als zu einem Auto, was sich ziemlich verrückt anhört und rational nicht zu erklären ist, aber das ist Teil der Faszination. Zumindest bei Männern. Denn bei Frauen sind Motorräder selten warm besetzt, müssen nicht herhalten als Projektionsfläche für ansonsten verdrängte und unterdrückte Gefühle. Die meisten Männer sind Emotionsverdränger – sie fliehen vor ihren Empfindungen und verlagern sie mit Vorliebe auf die Dingwelt.

Mein Freund John Berger, Schriftsteller und Maler, sagte einmal: *Wenn du mit einer Maschine wirklich vertraut bist, nimmt sie dich wahr, erkennt dich an, wie ein Hund, wie bestimmte Tiere das mit Menschen tun.*

*

Ich besitze eine weitere Gabe. Weniger einzigartig zwar als das mit den Büchern, aber immerhin. Ich mache mir einen Spaß daraus, im Kino Motorräder zu raten, so wie wir als Kinder früher im Fernsehen Werbung geraten haben. Welche Marke, welcher Typ? Darin bin ich ziemlich gut. Zusammen mit einem Freund schaute ich mir die irische Komödie ›Lang lebe Ned Devine!‹ an; es ging um zwei bauernschlaue, alte Männer, die sich einen Lottogewinn erschwindelt hatten. Spannend war es, weil sie immer kurz davor waren, aufzufliegen, und so manches Mal mussten sie sehr schnell sein, um einer drohenden Gefahr zuvorzukommen bzw. ihr zu entgehen. Der eine der beiden Opas hatte ein Motorrad, mit dem er in einer Szene sogar nackt unterwegs ist, weil er vor lauter Eile keine Zeit mehr hat, sich anzuziehen. Sein Motorrad war im Film immer nur kurz zu sehen, aber natürlich fragte mich mein Freund, was für eins es denn sei. Ich wusste es sofort. Es gibt keine andere Marke mit einem so klobigen und hässlichen Zylinderblock. Es handelte sich um eine einzylindrige MZ, das real existierende Staats-Motorrad aus dem ehemaligen Zweiradwunderland Deutsche Demokratische Republik. Der 1998 verstorbene DDR-Dramatiker Heiner Müller hatte einmal treffend gesagt: *Der Impuls, sich der Maschine auszuliefern, gehört zu diesem Jahrhundert. In den sozialistischen Maschinen hatte das Subjekt, seine Individualität, seine individuelle Trauer und individueller Widerstand immer eine Chance, allein weil die Maschinen so schlecht waren und niemand sie verbessern wollte.*

In diesem Ausspruch steckt viel Wahrheit. Er lässt ahnen, warum es in den neuen Bundesländern noch so

viele Anhänger der alten, robusten, primitiven MZ-Motorräder aus Zschopau gibt. Denn das zu DDR-Zeiten verordnete Prinzip der Gleichheit war hier scheinbar außer Kraft gesetzt, galt nicht ganz so streng: Jeder Besitzer einer MZ bastelte an seinem Motorrad herum und gestaltete es nach seinen Bedürfnissen, verbesserte und veränderte es, so dass jede MZ ein bisschen anders war als die anderen. Eben weil diese Motorräder alles andere als perfekt waren, hatte hier der Mensch (*das Subjekt*) seine Chance auf Verwirklichung und schuf sich zudem einen Bereich selbstbestimmter Mobilität. Kleine Fluchten.

Vielleicht bedeuteten diese bodenständigen Maschinen für die Genossen des Arbeiter- und Bauernstaates das, was die im Acker versteckte Vicky für meine Freunde und mich gewesen war. Eine MZ als Symbol der Emanzipation vom übermächtigen Staat. Und weil jede anders war, war für den jeweiligen Besitzer sein DDR-Custom-Bike wohl mehr als die Summe seiner Einzelteile. *Die Maschine erkennt dich an, wie ein Hund.*

Heiner Müllers Ausspruch belegt zugleich, wie wir uns generell immer weiter von den Maschinen entfernen, zumindest in der industrialisierten Welt, weil die Maschinen hier immer perfekter werden, immer unverständlicher und undurchschaubarer.

Mit *diesem Jahrhundert* hat Müller natürlich das letzte gemeint, das zwanzigste, in dem der Selbsterfahrungsroman ›Zen und die Kunst, ein Motorrad zu warten‹ von Robert Pirsig zur Bibel der Versöhnung des Menschen mit der Technik geworden war. Ich habe im Selbstversuch den *Pirsig* mal wieder zur Hand genommen und gelesen, vielmehr angefangen, ihn zu lesen, denn nach 130 Seiten habe ich ihn wieder beiseite gelegt. Die Zeit hat das ehemalige Kultbuch überholt. Zwar wohnt der Buddha, die Gottheit, nach wie vor *in den Zahnrädern eines Motorrades genauso bequem wie auf einem Berggipfel oder im Kelch einer Blüte,* doch der Trick des verstehenden Versenkens in technische Abläufe funktioniert nicht mehr, wenn du vor einem verkapselten Datenchip sitzt. Moderne Motorräder werden mehr und mehr zu *Black Boxes* – digitale Zündanlagen, elektronische Einspritzung und computergesteuerte Antiblockiersysteme erschließen sich nicht durch das pure Betrachten, durch die mechanische Meditation. Die Kunst, ein Motorrad selbst zu warten, rückt in immer weitere Ferne.

*

Irgendwann im Herbst hatte die Vicky ihren Geist aufgegeben. Der Motor lief gar nicht mehr und wir hatten kein Geld für die Reparatur, wenn er überhaupt noch zu retten gewesen wäre. Unser ganzes Taschengeld war den Sommer über in den Tank der Vicky geflossen, jetzt war Schluss. Außerdem kam der Winter. Ein paar Mal besuchten wir unsere Teufelsmaschine noch, blickten am Morgen auf dem Weg zur Schule wortlos auf sie herab, wie sie da in einer Ackerfurche vor uns lag, die blaue Farbe mit kleinen Erdklumpen besprenkelt und von einer dünnen Schicht Rauhreif überzogen.

Schließlich entschieden wir sie wieder in dem Gebüsch zu versenken, aus dem wir sie ein gutes halbes Jahr zuvor gezogen hatten. Das Abenteuer war vorbei.

Ich bekam einige Zeit später ein Moped geschenkt, ein *Ciao* von Piaggio. Es lief munter und erweiterte meinen Aktionsradius erfreulich, aber mit seiner stufenlosen Automatik und dem braven Klang einer Nähmaschine konnte es an die Vicky natürlich nicht heranreichen. Es war ein langweiliges Gefährt. Vielleicht war es mit schuld daran, dass ich für rund zehn Jahre mein Interesse an Motorrädern gänzlich verlor, aber am schwersten wogen in diesem Zusammenhang wohl die Verlockungen eines Autos. So eines wollte ich haben. Ein mobiles Dach über dem Kopf, ein Fahrzeug, in dem man schlafen und mit mehreren Personen in Urlaub fahren konnte. Für ein Motorrad blieb da kein Platz in meinem Herzen und auch kein Geld auf meinem Konto. Außerdem empfand ich vor den größeren, kräftigen Zweirädern eine gewisse Scheu, sie flößten mir Respekt ein, wie ich ihn heute noch vor Pferden habe. Also machte ich zwar mit 18 auch den Führerschein Klasse I, nutzte ihn aber vorerst nicht.

Nicht ich wollte viele Jahre später ein Motorrad – ein Motorrad wollte mich. Ich war inzwischen 28. Ein guter Freund, der selbst nicht Motorrad fuhr, hatte eine recht gut erhaltene Yamaha XS 400 an der Hand, eine Maschine, mit der eine Freundin von ihm gestürzt war, nicht schlimm, aber doch so eindrucksvoll, dass sie mit dem Gefährt nichts mehr zu tun haben wollte. Ein Rückspiegel musste ersetzt und zwei Hebel gerade gebogen werden, der Tank war leicht verbeult und verkratzt, das Motorrad hatte seit einem guten halben Jahr keinen TÜV mehr, brauchte also ein frisches Gutachten über seine Verkehrssicherheit und sollte überdies nur ein paar hundert Mark kosten. Das war entscheidend. Ich ließ mich überreden, kaufte mir ein Werkstatthandbuch, saß ein paar glückliche Abende vor dem silberfarbenen Krad und reparierte es. Die Yamaha XS 400 war fortan die große Schwester der Vicky. Ich hatte inzwischen eine eigene Wohnung, nicht weit entfernt von meinem Elternhaus, und so lenkte ich die Yamaha einmal in der Abenddämmerung erinnerungsselig um den Acker, den ich als Jugendlicher einen Sommer lang so oft umrundet hatte. Es fühlte sich gut an. Ein Motorrad war eine wirkliche Bereicherung meines Lebens, die Yamaha freilich nur ein Zwischenspiel. Nach einem Jahr verkaufte ich die XS 400 wieder und war nun stolzer Besitzer einer gebrauchten BMW R 80 GS. Die tauschte ich nach zwei Jahren gegen eine vollverkleidete BMW R 80 RT. Mit der fuhr ich mit meiner Freundin Emma als Sozia mitten durch und rund um Deutschland, von München über Berlin (damals noch in der Zone) hoch bis Schleswig-Holstein und wieder zurück. Dann kam ein gutes Jahr später unser Sohn Jakob auf die Welt. Keine Frage, das Motorrad wurde verkauft. Ohne Murren und Klagen. Was sollte ich als Vater damit? Zu dritt zu fahren kam nicht infrage, die Familie bekam den Vorzug, in der Stadt bewegte ich mit der U-Bahn oder mit dem Fahrrad fort, und das Geld konnten wir auch gut gebrauchen. Außerdem passte die gestiegene Verantwortung, in der ich mich nun befand, nicht zum höheren Risiko der Fortbewegung auf zwei Rädern. Sehr vernünftig.

Die Jahre vergingen und ich lebte gut ohne Motorrad. Emma, meine Frau, fragte mich ab und zu einmal, ob ich es nicht vermissen würde, und ich antwortete, es wäre schon schön, aber eigentlich nicht.

Und wieder wollte nicht ich ein Motorrad, sondern ein Motorrad mich und kam durch die Hintertür hereingefahren. Ich hatte gerade mein erstes Buch geschrieben, eine Kulturgeschichte des Seebadewesens in Deutschland, dargestellt am Strandkorb, und nun fragte der Verleger, ob ich nicht ein zweites Buch schreiben wolle. Ich wusste nicht so genau und sagte, ich hätte kein Thema, es müsste schon etwas sein, für das ich Leidenschaft entwickeln könne. Meine Motorräder kamen mir wieder in den Sinn. Der Rest ergab sich dann von selbst. Ich hatte keine Chance – schließlich konnte ich keine Kulturgeschichte des Motorradfahrens schreiben (›Das Buch vom Motorrad‹), ohne ein Objekt der Begierde zu besitzen. Ein Vehikel der Versuchung. Die Kinder waren inzwischen größer, meine Frau einverstanden und so kaufte ich mir im Spätsommer 1997 eine gebrauchte Honda Transalp. Wir waren von der Stadt aufs Land gezogen und ich wollte das Motorrad vor allem benutzen, um problemlos in die Stadt und zur Arbeit zu kommen.

Bald merkte ich: Ich lebe gut ohne Motorrad, aber noch besser mit. Es entspannt mich, es tut mir in der Seele wohl, es beflügelt meine Fantasie. Und einmal pro Jahr fahre ich ohne Frau und Kinder für ein verlängertes Wochenende mit dem Motorrad in die Alpen – seltene Tage nomadischen Glücks.

Nun schreibe ich bereits mein zweites Buch über das Motorradfahren, studiere die Philosophie meiner Passionen (Dichtung oder Wahrheit?) und denke: Das mit der Vicky und dem Acker ist schon weit weg. Aber dass die Maschine dich wahrnimmt *wie ein Hund*, da ist schon was Wahres dran. Im Moment steht sie draußen in unserer Durchfahrt, es ist Winter, manchmal bläst der Wind ein paar Schneeflocken auf ihre Sitzbank, die Batterie ist ausgebaut und die Räder sind aufgebockt, in den beiden Auspuffrohren stecken Lappen, die die Feuchtigkeit draußen halten sollen.

Natürlich ist kein freudiges Kläffen zu hören, wenn ich vorbeigehe.

Nur mit dem Hauptständer scharrt der Hund manchmal.

Meine Kurve.
Eine Liebesgeschichte

Papa, warum findest du das gut, wenn du so schief gehst?
meine Tochter Charlotte, 7, über die Schräglage

Du kannst dich sogar viermal hintereinander legen, gell Papa?
mein Sohn Jakob, 9, über die mehrfache Schräglage

Jeder sollte eine Lieblingskurve haben. Ich meine: jeder Motorradfahrer. Für Autofahrer ist es vielleicht nicht so wichtig.

Meine Lieblingskurve liegt in Oberbayern, nordwestlich des Ammersees, zwischen den Gemeinden Greifenberg und Schondorf, wobei ich das Glück habe, dass die Kurve sich ganz in der Nähe meines Wohnsitzes befindet und ich sie pro Jahr etwa 200-mal durchmessen kann. Sie führt an einem kleinen Mischwald vorbei, der *Weingarten* heißt und in dem zwei Grabhügel daran erinnern, dass hier schon zu keltischer Zeit Menschen unterwegs waren, und sie ist auf dem Topographischen Messblatt Nr. 7932 des Bayerischen Vermessungsamtes München mit einer Höhe von 555,6 Metern über Meereshöhe verzeichnet, was allerdings nur für die nördliche Kurveneinfahrt gilt, denn die Straße, die als *landschaftlich besonders schöne Strecke* klassifiziert ist, fällt bis zur südlichen Kurvenausfahrt um 0,8 Meter ab.

Meine Lieblingskurve hat eine Gesamtlänge von 150 Metern und wird schätzungsweise von 10 000 Fahrzeugen pro Tag unter die Räder genommen, wobei ich mir sicher bin, dass keiner der Lenker auch nur die geringste Ahnung davon hat, dass es sich hier um eine besondere Kurve handelt – um meine Lieblingskurve eben.

Nach unserem ersten Zusammentreffen fiel sie mir auch nicht sonderlich auf, wie wir überhaupt die ersten vier Jahre unserer Bekanntschaft (wir kennen uns seit 1992) ein sehr neutrales Verhältnis hatten und gleichgültig nebeneinander herlebten. Dann, den genauen Tag weiß ich nicht mehr, irgendwann im Frühsommer 1997, machte die Kurve mir meine Vergänglichkeit bewusst, indem sie mir einen Lastwagen zuführte, mit dem ich bei einem Überholmanöver um ein Haar kollidierte. Ein solches Erlebnis verändert die Wahrnehmung, und bald fing ich an, die Kurve – meine Kurve! – mit ganz anderen Augen zu sehen: Hier hätte ich also sterben können. Warum hier? Warum hatte ich an dieser Stelle überholt? Warum hatte ich die Geschwindigkeit des LKWs falsch eingeschätzt? Was für ein Ort ist das?

Jede Kurve hat zwei Zufahrten, so auch diese. Man kann sich jeder Kurve von der einen wie von der anderen Seite nähern und meist ist es, als würde es sich um zwei verschiedene Kurven handeln, die nichts miteinander zu tun haben. Genau genommen sind es ja auch zwei Kurven, nur eben zusammengefasst in einem einzigen Bogen, wobei es durchaus Kurven gibt, die sich aus bei-

den Richtungen ganz verwandt anfühlen, wie Geschwister. Ich bin mir bis heute nicht im Klaren darüber, woran das liegt, denke aber, es ist stark von der jeweiligen speziellen Kurventopografie und der umliegenden Landschaft abhängig, auch vom Blick, den man von der einen bzw. der anderen Seite auf die Kurve hat.

Mir fallen als Fahrer Rechtskurven schon immer sehr viel leichter als Linkskurven, vermutlich infolge meiner ausgeprägten Rechtshändigkeit. Mit dem Auto spielt das keine Rolle, mit dem Fahrrad fällt es kaum auf, aber mit dem Motorrad kann es aufgrund der viel höheren Geschwindigkeit zum Problem werden. Meine Lieblingskurve genieße ich also vor allem, wenn ich, von Norden kommend, nach Hause fahre und dem Bogen Richtung Westen folge.

Bevor man die Kurveneinfahrt erreicht, kommt man aus einer Senke hoch, früher vermutlich eine Furt, denn zuvor überquert man einen Fluss. Dann fahre ich, mit Blick auf das nächste Dorf, noch einen Moment an dem Wäldchen entlang, das Weingarten heißt, jetzt linker Hand liegt und sich ebenfalls nach Westen krümmt, wenn auch nicht so stark wie die Kurve. In dem Moment, in dem die Zweige der vorderen Bäume die Schondorfer Kirche verdecken, muss ich einlenken, mich in die Rechtskurve legen, das Wäldchen verliere ich schnell aus den Augen, es ist, als würde es weggerissen, der Blick weitet sich hin zur offenen Landschaft, in die ich zügig rolle. Meine Kurvengeschwindigkeit variiert je nach Verkehr, Wetter, Tageszeit und der eigenen Seelenlage. An guten Tagen habe ich den Bogen raus und kratze die Kurve mit bis zu 110 km/h, an schlechten schaffe ich gerade zittrige 85 km/h. Nur selten habe ich das Gefühl, die Kurve wirklich optimal gefahren zu sein, gerne schleichen sich kleine Fehler ein: Ich habe verbremst, bin die Kurve zu weit außen angefahren, habe zu früh eingelenkt, bin nicht konsequent genug in Schräglage gegangen, bin nicht rund durch die Kurve geglitten, habe sie zu früh wieder verlassen, mein Blick ist in den Nahraum heruntergefallen statt souverän vorauszuschauen, ich habe Ecken und Kanten in meine Linie gehauen, mich raustragen lassen oder alles zusammen. Jedes Mal erzählt mir die Kurve etwas über mich, über meinen aktuellen Zustand. Es ist wie ein Gespräch mit einem guten Freund.

Sie ist wahrlich keine harmlose Kurve, sie ist anspruchsvoll zu nennen, sie fällt leicht ab, ist deshalb schlecht einzusehen, hängt etwas, hat keinen befestigten Randstreifen und aufgrund der hohen Belastung einen schrundigen Belag mit deutlich vertieften Fahrspuren. Auf der von meiner bevorzugten Richtung aus rechten Seite wurde ihr deshalb kurz vor der Jahrtausendwende noch ein dunkelschwarzes Asphaltpflaster aufgelegt, zwanzig Meter lang und einen guten halben Meter breit. Es irritiert mich. Deshalb entschloss ich mich, meine Lieblingskurve einmal zu Fuß abzugehen.

Knapp zwei Minuten bin ich unterwegs, wenn ich meine Lieblingskurve aufmerksam durchwandere, mit dem Motorrad brauche ich bei 100 km/h sechs Sekunden.

Aber welche Erweiterung der Wahrnehmung, welche Entdeckungen bei der Langsamkeit des Schrittes! Erst wenn man seine Kurve zu Fuß abgeschritten ist, kennt man sie wirklich und fühlt sich fähig, eine dauerhafte Beziehung zu ihr aufzubauen. Erst wenn man den Stamm des großen Baums im Scheitelpunkt der Kurve berührt und den kleinen, hinter Gestrüpp verborgenen Fußweg entdeckt hat, erst wenn man an einem frühen Sommermorgen, bevor der Verkehr einsetzt, mit dem Finger über die unregelmäßigen, kleinen, glatten Bitumenflecken (gleich rechts neben dem Mittelstreifen) gestrichen ist und die flache Hand fest auf den Straßenbelag gedrückt hat, kann man von einem Vertrauensverhältnis sprechen.

Ich weiß nicht, ob die Liebe zu einer Kurve ewig ist. Ob eine Kurve irgendwann einen unangenehmen Knick bekommt, der einem vorher gar nicht aufgefallen ist, und ob sich dann eine andere, scheinbar viel aufregendere Rundung in den Vordergrund schiebt. Ob man dann zum Therapeuten für Kehren und Wendungen muss, um dort zu reden über die Haken und Kurven seines Lebens? Keine Ahnung.

Eine schönere, bessere Kurve als meine Lieblingskurve ist mir bislang nicht bekannt. Wir haben schon so viele Kilometer miteinander verbracht und eine so erfüllende Zeit gemeinsamen Weges erlebt, dass da irgend so eine flott dahergebogene Krümmung gar nicht mithalten kann. Und eine Gerade ist sowieso keine Versuchung.

Nase

Es gibt eine Stelle an der Autobahn zwischen Koblenz und Mayen, an der ich innerhalb von zwei Jahren insgesamt viermal vorbeigefahren bin. Unabhängig von der Tageszeit roch es dort jedes Mal nach frisch gebackenen Hörnchen oder Apfeltaschen oder sonst einem süßen Zeug. So ganz genau konnte ich das im Vorbeifahren nicht identifizieren. Jedes Mal hatte ich wieder vergessen, dass es dort so roch, erinnerte mich aber sofort an den Duft, im Bruchteil einer Sekunde, und jedes Mal war es derselbe Geruch.

An manchen Tagen ist die Versuchung groß, einfach auf das Motorrad zu steigen, die 500 Kilometer zu fahren, dann zu schnuppern, ob es dort immer noch unverändert duftet, und dem Geruch auf den Grund zu gehen.

Mit der Nase im Wind erfährt man jede Strecke als charakteristisch anhand ihrer Duftmarken, die wie Kilometersteine einzelne Abschnitte gliedern. Man muss das einmal ausprobieren, eine Strecke, die man gut kennt, als *blinder* Sozius mitzufahren. Mit geschlossenen Augen und sensibilisierten Geruchsrezeptoren.

Von meiner Arbeitsstelle nach Hause sind es 45 Kilometer. Dort, wo ich losfahre, in der Stadt, riecht es oft süßlich, nach gedarrtem Malz. Eine Brauerei ist in der Nähe. Wenn der Geruch ab- und die Geräusche zunehmen, bin ich an der großen Kreuzung, an der ich links

abbiegen muss. Es geht hinauf auf den Stadtring, dann hinunter in einen Tunnel. Einen dunklen, kühlen Tunnel. Kurz nach dem Tunnel stockt meist der Verkehr, Autos, die sich zu spät rechts in die Auffahrt zur Autobahn eingefädelt haben, bremsen. Dort biege auch ich ab.

Nach kurzer Zeit liegt die Stadtgrenze hinter uns. Die Luft wird kühler, nicht viel, um zwei bis drei Grad vielleicht. Aber ich spüre es. Dabei fühlt man die Differenz nicht nur an den Armen und im Nacken, man riecht sie auch. Erstaunlich ist, die unterschiedlichen Temperaturzonen, etwa zwischen dem Klima der Stadt und dem des Landes, überlappen sich nicht, fließen nicht ineinander, sondern grenzen sich klar voneinander ab.

Eine Zeit lang geht es gleichmäßig schnell dahin. Dann wird das Motorrad langsamer. Reduzierung der Geschwindigkeit, Wohngebiet. Dann erneut schnellere Fahrt. Bald kommt die Stelle, eine leichte Erhebung in der Landschaft, ab der es wieder ein bisschen wärmer wird. Merkwürdig. Hier muss irgendein lauer Luftstrom durchs Land fließen. Woher? Warum? Vielleicht verursacht ihn die Fabrik links. Vielleicht auch die rechts der Autobahn gelegene Siedlung.

Kurz darauf eine Unterführung, dann der frische Geruch von Harz. Ich durchquere ein Waldstück, in dem seit Wochen riesige Tannen gefällt werden. An manchen Tagen hängt der Duft von verbranntem Reisig in der Luft. Danach hinunter in ein weitläufiges Tal. Man riecht den großen See sofort. Die vielen Millionen Kubikmeter Wasser, die Feuchtigkeit. Und natürlich kitzelt das Moos, das Moor, das die Autobahn am nördlichen See-

Ende durchschneidet, unmissverständlich die Nase. Moleküle fauligen Wassers, torfige Aromen wirbeln am Helm vorbei. Zwei Schläge im Teer, *dumm, dumm,* die Fugen einer Brücke. Dann ist es, als führe man rechter Hand an einem geöffneten Kühlschrank vorbei. Zumindest im Sommer kann man die Kälte spüren, die von einer aus Beton gegossenen, hoch aufragenden Lärmschutzwand abstrahlt. Direkt anschließend ein langer Tunnel – eine deutliche Zäsur: Die Fahrgeräusche sind anders, der deutlichere Odem von Abgasen, dazu das gedämpftere Licht, die andere Temperatur. Einen Tunnel registriert man sofort auf dem Motorrad, auch mit geschlossenen Augen, denn die Luft steht, ist stickig, sie prallt ruhiger, gleichmäßiger gegen Helm und Körper.

Nach dem Tunnel beschleunigen die Autos wieder, gleich kommt die Abfahrt. Runter von der Autobahn, rechts, links, eine enge Rechtskurve. Stopschild. Rechts. Rechtskurve. Links. Rechts. Eine Landstraße mit vielen Richtungswechseln. Schließlich ein langes, gerades Stück entlang einer Bahntrasse. Manchmal begleitet mich das Rattern des Zuges. Ich erreiche eine Ortschaft. Geringe Geschwindigkeit, viele leichte Biegungen, dann eine scharfe Rechtskurve, ein Bahnübergang, scharfe Linkskurve, geradeaus. Wieder Landstraße.

Drei Minuten und ich bin zu Hause, im nächsten Ort. Nun allerdings bräuchte es die Nase eines Hundes und das Radar einer Fledermaus, um die letzten Meter zu erspüren, zu erschnüffeln. Egal. Links, rechts, links. Ein Brunnen rauscht. Ein Hund bellt. Dann die kleine Brücke, die sich nicht plan in die Straße einfügt und meinen Körper leicht von der Sitzbank hebt. Noch 200

Meter. Noch 100 Meter. Kurz vor dem Ziel die Thujenhecke, dieser herb würzige und doch schwer süßliche Duft. Angekommen.

Beschleunigung + Geschwindigkeit = Gott

Gott schuf die Erde in einer einzigen Woche. Welches Tempo!
aus der Schöpfungsgeschichte in einer Jugendbibel

Ein Zauberwald, vielleicht,
wo die Menschen noch manchmal spielen, sie seien Götter.
Ted Simon über seine Empfindungen während
einer Motorradfahrt um die Welt

In manchen Kulturen sitzen die Menschen im Schatten unter einem Baum und sind zufrieden. Sie sind genügsam und verlangen nicht viel vom Leben. Am allerwenigsten brauchen sie einen Gott, der auf einer Harley zu ihnen kommt.

Wenn man schon bei Gott auf dessen Harley steigt, ist man eine frustrierte, amerikanische Krankenschwester und heißt natürlich Christine. CHRISTine, die dringend eine Veränderung braucht in ihrem Leben.

Jesus konnte übers Wasser gehen – also ist es für den neuzeitlich auf Erden wandelnden Gott kein Problem, mit seiner Harley in den weichen Sand auf dem Strand zu fahren. Für jeden Biker eine traumatische Vorstellung!

Und nun die entscheidende Frage: Warum kommt Gott als Biker mit einer Harley auf Erden? Er selbst

41

antwortet Christine: *Irgendwie musste ich deine Aufmerk-samkeit ja erregen. Ich brauche ein neues Image. Die Leute können nichts mehr mit Jesuslatschen und wallen-den Gewändern anfangen. So was war zum letzten Mal in den Sechzigern in.*

Wer Gott nachmacht oder nachgemachten Gott verviel-fältigt oder vervielfältigten Gott in Umlauf bringt, wird in der Regel mit Erfolg bestraft. Also wurde Joan Bradys kleiner Roman ›Als Gott Harley Davidson fuhr‹ Mitte der neunziger Jahre des letzten Jahrhunderts zu einem heimlichen Kult-Bestseller und unheimlichen Erfolg, international natürlich, wie der Umschlagtext suggestiv vermerkt. Die Handlung trieft von aktiver Lebenshilfe und Gott hat zehn neue Gebote dabei: *Lebe im Augen-blick, denn jeder Moment ist kostbar und darf nicht igno-riert werden.*

Gut gegeben, Gott – so werden sie dich lieben.

Ich stelle mir vor, Gott gibt Vollgas. Es steht geschrie-ben, er habe die schwere Maschine voll unter Kontrolle. Geschwindigkeit sei für ihn keine Hexerei.

*

Die Menschen begriffen Geschwindigkeit immer schon als ein Synonym für göttliche Kraft und Vollkommen-heit, als einen Gegenentwurf zu den Beschränkungen irdischer Existenz und menschlicher Langsamkeit. Es war eines der ersten Attribute, das sie den Göttern zuge-schrieben haben.

Die inzwischen mit dem technischen Fortschritt erzwungene Teilhabe an der göttlichen Geschwindigkeit verheißt die Überwindung der dem Menschen gesetzten Grenzen, vermittelt ihm so ein Gefühl möglicher Überwindung der eigenen Sterblichkeit. Die Verletzlichkeit des Körpers ist beim schnellen Fahren für kurze Zeit scheinbar aufgehoben: das Motorrad als Beschleuniger von Allmachtsfantasien.

Ich fühle mich gut, wenn ich unterwegs bin. Ich traue mir viel zu. Manchmal zu viel. Die eigene Überlegenheit resultiert aus der unglaublichen Beschleunigung eines Motorrades und der schnell erreichbaren Höchstgeschwindigkeit. Ein kurzer Dreh am Gas und ich bin ein König. Ein Kaiser. Gott. Ich schöpfe aus dem Vollen, aus der vollen Leistung meines Motors.

Wenn ich bei 220 km/h auf der Autobahn meinen Körper gegen den anstürmenden Wind presse, frage ich mich nach kurzer Zeit allerdings schon, warum ich mich gerade wie eine Kanonenkugel über den Asphalt schieße. Dann kommt mir Geschwindigkeit plötzlich ganz irreal vor. Ich verliere den Kontakt zu ihr, habe keinen Boden mehr unter den Füßen. Es spielt keine Rolle, ob ich mit 197 km/h unterwegs bin oder mit 224 km/h oder 268 km/h. Alles verwischt. Muss ich Angst haben oder nicht? Ist es die Welt, die an mir vorbeirast, oder bin ich es, der das Tempo vorgibt?

Das erinnert mich an das Bild vom Auge des Hurrikans, vom Zentrum des Sturms, in dem kein Lüftchen weht. Gibt es einen Stillstand im Rasen? Wie lautet des Rätsels Lösung?

Tatsächlich ist Geschwindigkeit für Gott gar kein Maßstab, er selbst ist Tempo und Ruhe zugleich. Nicht umsonst bezeichnet man ihn als den *unbewegten Beweger.* Geschwindigkeit im menschlichen Sinne existiert für ihn gar nicht, denn er ist sowieso überall – wie im Märchen der Igel, der mit dem Hasen um die Wette läuft: Bin allweil schon da!

Geschwindigkeit erscheint absolut und entsprechend schwierig ist es, sich ein Bild von ihr zu machen. Künstler haben seit der Renaissance gelernt, bestimmte Eigenschaften und Zustände darzustellen, etwa menschliche Gefühle oder Daseinsformen der Natur, aber für das Tempo gab es nie eine äquivalente Form. Allein die Futuristen machten mit Beginn des zwanzigsten Jahrhunderts ein Programm daraus, die Geschwindigkeit in Bildern und Texten zu feiern, fanden aber auch zu keiner schlüssigen Ästhetik für das Prinzip der Raserei und kamen so, wie Filippo Tommaso Marinetti, über dramatische Beschwörungsformeln ihrer Begeisterung kaum hinaus: *Fahrräder und Motorräder sind göttlich. Benzin ist göttlich. Religiöse Ekstase der 100-PS-Motoren.*

Die Künstler, die der fantastischen Beschleunigung von statischer Masse bis heute recht hilflos gegenüber stehen und sie nur selten zum Thema ihrer Arbeiten machen, erkannten irgendwann, dass, weil sie die Geschwindigkeit selbst nicht abbilden konnten, sie einfach deren Transzendenz darstellen mussten. Sie entdeckten das Prinzip dahinter, das Gefühl, die Sehnsucht nach einem

Zustand der Dematerialisierung und Ewigkeit. Geschwindigkeit als ein göttliches Prinzip: Die Überwindung der Schwerkraft ist für den Menschen auf dem Motorrad allerdings nur ein zeitlich begrenztes Verlassen des trägen, erdgebundenen Körpers, der uns in seinen Beschränkungen fast ununterbrochen und mitunter schmerzhaft an unsere Endlichkeit erinnert. Gott, der *unbewegte Beweger:* Wir rasen ihm wie der Hase dem Igel hinterher und können ihn doch nie einholen. Auch auf der schnellsten Maschine nicht. *Eigentlich* müssten wir jedes Mal vollkommen ernüchtert vom Bock heruntersteigen. Schwer zu begreifen: Nicht die Geschwindigkeit ist das Entscheidende, sondern (wie das einige Künstler und Schriftsteller ja inzwischen gezeigt haben) es reicht *eigentlich* die Imagination von Geschwindigkeit für unser Glück aus – die allmählich sich verfestigende Erkenntnis, Bewegung als Metapher für Veränderung zu begreifen, für eine notwendige, innere Veränderung. Ist die vollzogen, brauche ich das Motorrad nicht mehr. Das Problem liegt dabei im *eigentlich*, denn konsequenterweise müsste ich nach dieser Erkenntnis tatsächlich aufhören Motorrad zu fahren. Aber warum tue ich das nicht? Mir ist doch klar: Ich kann beschleunigen, wie ich will, die verlockende Göttlichkeit ist nie erreichbar. Die scheinbar göttliche Kraft der Maschine will einfach nicht auf mich übergehen.

*

Als ich genau an diesem Punkt meiner Überlegungen war, heftig verstrickt in Widersprüche, lernte ich Hanns-

45

Martin Hager, den Seelsorger des Unfallkrankenhauses Murnau, kennen. Er hielt bei einer Tagung der Evangelischen Akademie in Tutzing einen Vortrag mit dem Titel ›Der Unfall, (k)ein Zufall – Der unbewusste Abstieg als Anstoß zu neuer Bewusstheit‹. Beruflich hat er viel mit verunglückten Motorradfahrern zu tun und sich im Laufe der Jahre aus vielen Einzelschicksalen seine verwegen klingende Privat-Theorie zusammengebastelt, die mir wirklich *sehr* abenteuerlich vorkam, mich aber schließlich mehr und mehr faszinierte.

Hanns-Martin Hager sprach über Lebens-Zäsuren, die von Menschen unbewusst gesucht und herbeigeführt werden. Er nennt es intuitive Selbsttherapie und sagt: *Motorradfahren ist eine gute Methode, Selbstwahrnehmung und -begrenzung zu üben, sensibler zu werden und achtsamer mit allem, was uns umgibt.*

Verblüffend erschien mir die von dem Krankenhaus-Pfarrer aus Gesprächen mit vielen Patienten abgeleitete These, wonach drei von vier verunglückten Motorradfahrern genau den Unfall erlebt haben, der zu ihnen passt. Sage mir, wie du verunglückt bist, und ich sage dir, wer du bist. *Seelische Verwerfungen werfen den Fahrer aus der Bahn. Psychisch Belastendes schlägt sich nieder in einem jeweils spezifischen Unfallhergang.* Das Aus-einer-Kurve-getragen-Werden, die Kollision mit einem anderen Fahrzeug aufgrund überhöhter Geschwindigkeit oder das Übersehen eines Hindernisses – immer wieder beschreiben Hagers Patienten das zugrunde liegende Prinzip des Unfallgeschehens mit denselben Worten wie ihre Lebenssituation unmittelbar vor dem Crash. Scheinbar gibt es kein Entrinnen. Sofort

begann ich, mir *meinen* Unfall auszumalen. Hager beruhigte mich. Man könne sein Leben auch ohne Unfall ändern, es müsse nicht immer erst zu einem Totalschaden kommen. Manche müssten nur kleine Ausbesserungen vornehmen am Belag der Straße, auf der sie unterwegs seien, andere bräuchten eben *ihren* großen Unfall, um auf den Boden der Tatsachen zurückzukommen, um endlich die Kurve zu einem neuen, besseren, selbstbestimmten Leben zu kriegen.

Hanns-Martin Hager spricht von der psychoreligiösen Bedeutung von Risiko und Sturz: *Der Unfall ist eine Manifestation dreier nicht oder zu wenig erlebter Gefühle: ›Mächtig und stark sein‹ – ›Festen Halt haben und spüren‹ – ›Dem Tod überlegen sein‹.* Demnach gibt es zwei Arten von Motorradfahrern: Diejenigen, die mit ihrer Maschine ihre Ohnmacht, ihre Einsamkeit oder ihre generelle Hilflosigkeit gegenüber dem Tod kompensieren, und die anderen, die mit sich selbst im Einklang sind – *seelsorgerisch gesprochen: die, die mit sich, der Welt und Gott versöhnt sind; psychotherapeutisch ausgedrückt: die, die vom Es zum Ich gefunden haben.*

Da haben wir es: Nur letztere können fahren wie Gott. Vermutlich. Die bewussten, selbstreflexiven Ich-Motorradfahrer. Etwa wie Gott auf einer Harley Davidson? Warum nicht.

*

Mein Problem ist aber immer noch nicht gelöst: Soll ich aufhören Motorrad zu fahren, nachdem ich erkannt

habe, dass Beschleunigung + Geschwindigkeit mich keineswegs göttlicher Vollkommenheit nahe bringen, dass ich mich vielmehr in meiner Begrenztheit akzeptieren muss?

Ich begreife Geschwindigkeit mehr und mehr als Zustand, der mir meine Grenzen aufzeigt, der auch Grenzerfahrungen möglich macht.

Ich denke nach: In manchen Kulturen sitzen die Menschen im Schatten unter einem Baum und sind zufrieden. Sie brauchen vielleicht einen Gott, aber sicher kein Motorrad.

Wobei ein Motorrad durchaus ein göttliches Gefährt sein kann. Finde ich. Nach wie vor.

Das Motorrad im Museum:
Der Mona-Lisa-Effekt

Man kann nicht über das Motorrad reden,
das ist Blödsinn, man muss es fahren.
Rossi, Besitzer einer 125ccm-Honda

Geh hin, fahr hin und sieh die Welt,
die schöne, herrliche, und lerne.
Karl May am 19. Juni 1900

Im zwanzigsten Jahrhundert passierten verrückte Dinge. Ein Mann, er hieß Marcel Duchamp, erklärte einen Flaschentrockner zur Kunst. Oder ein Pissoir. Andere, sie nannten sich Dadaisten und Surrealisten, entdeckten im zufälligen Zusammentreffen einer Nähmaschine und eines Regenschirms auf einem Operationstisch Poesie. Sie waren keineswegs böse Menschen, die den anderen übel mitspielen wollten. Sie waren nur auf die Idee gekommen, einmal die Sicht der Dinge und damit den Zustand der Welt zu überprüfen. Warum war etwas wertvoll und etwas anderes nicht? Viele sagten ihnen Beliebigkeit nach, aber das genaue Gegenteil war der Fall: Eben weil die Welt immer beliebiger wurde, suchten sie nach neuen Maßstäben, nach Kriterien, die die Wahrnehmung erweitern und den Blick auf die Dinge bereichern sollten. Vielleicht sind sie daran gescheitert, aber sie haben es wenigstens versucht.

Im zwanzigsten Jahrhundert passierten verrückte Dinge. Ein Mann, er hieß Thomas Krens, holte Motorräder ins Museum und nannte das Ganze ›The Art of the Motorcycle‹. Er hatte einen wunderbaren Platz dafür ausersehen, eine leicht ansteigende Spirale, die geschwungene Rampe des New Yorker Guggenheim Museums, die sich ein Architekt namens Frank Lloyd Wright ausgedacht hatte. Auch dieser Mann hatte nach neuen Orientierungsmöglichkeiten und Verhaltensmustern für den verunsicherten Menschen des zwanzigsten Jahrhunderts gesucht und dabei nichts dem Zufall überlassen. Am liebsten hätte er den Bewohnern seiner architektonischen Fantasien auch noch die passende Kleidung diktiert, denn er war besessen davon, seiner Idee von Kunst alles unterzuordnen.

Im Sommer 1998 erhielt die von ihm entworfene, umstrittene, grandiose Rotunde des Guggenheim Museums endlich ihren idealen Ausstellungsgegenstand. Sie war nämlich zuvor oft dafür kritisiert worden, dass sie die Konzentration auf das Wahre, Schöne und Gute beeinträchtige, weil die Bilder entlang ihres Gefälles nie beruhigend parallel zum Boden hingen, sondern immer in einer merkwürdig spannungsgeladenen Schräge. Plötzlich aber machte die Abschüssigkeit Sinn, schien deren Dynamik wie gemacht, um nur eines zu präsentieren: Motorräder! Die geneigte Bühne birgt Bewegung in sich, die ans Fahren erinnert, egal, ob hinauf oder hinunter. In lockeren Abständen, auf niedrigen, weißen Podesten standen da, chronologisch von unten nach oben geordnet, 110 rasende Skulpturen, Artefakte der Mobilität, Sehnsuchtsvehikel, Meilensteine der Fort-

bewegung, Ikonen des individuellen Vorwärtsdrangs: hinaus in die Ferne!

Für Thomas Krens, den Kurator des Guggenheim Museums, erfüllte sich ein Kindertraum: Endlich wurde sein liebstes Spielzeug gewürdigt. Und siehe – die Leute kamen in Scharen. Das Museum erlebte einen Jahrhundertbesucherrekord und gut die Hälfte der Schaulustigen, so munkelte man, war das erste Mal im Leben in einem Tempel der Kunst gewesen. Andächtig starrten Rocker und Biker in stummer Ehrfurcht auf die polierten Eisenhaufen wie sonst die Bildungsbürger auf die Mona Lisa.

Thomas Krens war schlau gewesen, er hatte nicht den Fehler begangen, die Maschinen über den Umweg der Alltagskultur in den Ausstellungspalast zu schieben, sozusagen durch den soziokulturellen Hintereingang – nein, die Motorräder blieben das, was sie waren. Ganz unaufgeregt und pur wurden sie als teilweise geniale Denkmäler des ausgehenden mechanischen Zeitalters präsentiert, als furioser Abgesang auf das rollende Jahrhundert. *Eine Plastik macht sich gut in einem Museum,* erklärte Krens, *ebenso ein Motorrad, betrachtet man es als Skulptur. Wir haben die Motorräder also isoliert aufgestellt, so dass jedes für sich wirken kann. Wir sagen damit dem Besucher: Hey, tritt zurück, schließlich bist du in einem Museum, schau dir diese Maschine mal als Skulptur an, probier diesen Blick einfach mal einen Moment lang aus. Deswegen auch diese klassische Präsentation. Die Museumsatmosphäre verleiht den Maschinen eine andere Aura – Magie! In einem technischen Museum ist es das Normale, hier ist es ein Ereignis, ein Event. Eine coole Show, supercool.*

51

›The Art of the Motorcycle‹: Ich schlenderte vorbei an Technikgeschichte zum Anfassen, am Veloziped mit Dampfmotor, dem man die Abstammung vom Fahrrad noch deutlich ansieht, an Daimlers legendärem Reitwagen und dem ersten Serienmotorrad der Welt, der Hildebrand & Wolfmüller aus München, dann an den Auswüchsen der mobilen Pubertät, der unorganisch gelängten Rennmaschine Curtiss mit ihrem protzigen V-8-Motor (sie soll im Januar 1907 auf dem Ormond Beach in Florida bereits mit 219,45 km/h unterwegs gewesen sein!) und dem Halbstarken-Gefährt Flying Merkel. Es folgten die *Roaring Twenties* im Banne der Motoren mit der bildhübschen Megola Sport (rot; klassisch geschwungen mit dem Sattel im Goldenen Schnitt; den Motor, einen Fünfzylinder in Sternform, im Vorderrad!!!) oder der archaischen Böhmerland, dem einzigen Serienmotorrad der Welt mit drei Sitzplätzen; der Krieg machte die Böcke dann zu Kampfmaschinen (eine Harley der US-Army hat das Gewehrhalfter an den Lenker geschnallt, eine Reminiszenz an die Zeit des Wilden Westens). Dem schloss sich die Nachkriegsmobilität in Europa an, mit den leichten und vor allem billigen Maschinen des Wiederaufbaus wie der im Allgäu in Immendorf gefertigten Imme, einem fragilen Gefährt, deren Form wundersam an eine davonschwirrende Libelle erinnert; danach die Nierentisch-Bikes der Fünfziger, dazu die fette Indian aus den USA und als Kontrast das zierliche Vélosolex aus Frankreich (mehr Fahr- als Motorrad). Dann kamen die ersten sportiven Serienmodelle neben den lässigen Provokationen der Populär- und Protestkultur der Sechziger und Siebziger

und schließlich die kantigen, hochgezüchteten Boliden der Jahrtausendwende. Alles da. Ein lustvoller Tanz ums Goldene Krad, um die benzinsaufenden Götzen. Fehlte nur noch die Tankstelle als spirituelle Quelle am Fuße der Rotunde.

Ich ging ein paar Schritte weiter, in die Seitenarme des spiralförmigen Baus, in die kleinen Kunst-Kabinette des Guggenheim Museums, und stand plötzlich vor Manets ›Frau im Abendkleid‹, vor Picassos ›Bügelnder Frau‹ oder Collagen von Kurt Schwitters. Der fuhr auch Motorrad, begeistert sogar, und hatte das noch dazu mit furiosen Worten beschrieben (›Mein Motorrad‹), doch das verschwieg die röhrende Schau. Thomas Krens, der zur Eröffnung der Ausstellung 80 Polizisten auf Harleys einbestellt hatte, um dem erwarteten Ansturm Herr zu werden, sagte: *Der fundamentale Unterschied zwischen Motorrädern und Kunst ist: Bilder oder Skulpturen haben keine direkt praktische Funktion wie eben ein Bike. Das ist zum Fahren gemacht. Fortbewegung von einem Punkt zum anderen. Für uns ist das Motorrad ein Design-Objekt. Da stellt sich die Frage: Sollen wir das so wichtig nehmen wie so genannte große Kunst?*

Krens und seine Mitstreiter nahmen es nicht so wichtig, aber immer noch so wichtig, dass einige Kritiker aufstöhnten und kräftig die Nase rümpften. Was ohnehin jedem klar ist, beklagten sie: Motorräder sind keine Kunst!

Andererseits hatten genau das die Kollegen zu Beginn des zwanzigsten Jahrhunderts auch über den Flaschen-

trockner gesagt. Und über das Pissoir. Oder über das zufällige Zusammentreffen einer Nähmaschine und eines Regenschirms auf einem Operationstisch. Einem Dadaisten wie Kurt Schwitters war das natürlich egal gewesen. Er hatte sich gierig an der Suche nach einem neuen Blick auf die Welt beteiligt und eben auch seinen Spaß am Motorradfahren gehabt – und das, obwohl er nach seinem ersten wilden Ritt verhaftet und für 14 Tage ins Gefängnis gesteckt worden war. Der *Jaul*, wie er sein Gefährt genannt hatte, war ihm durchgegangen und erst mit leerem Tank wieder zum Stehen gekommen. Das hatte den Dadaisten im Rausch moderner Zeiten zu dem Ausspruch veranlasst: *Aber dennoch hat sich Bolle ganz vorzüglich amüsiert.*

Goethe war schon da:
Die italienische Reise

Goethe war eigentlich ganz anders, aber er kam nur so selten dazu. Kein Beamter, sondern ein Abenteurer. Kein kleinmütiger Pedant, sondern ein Entdeckungsfreudiger. Kein Langweiler, sondern ein großer Wahrhaftiger. Heute würde er sich auf seine Harley setzen und dem ganzen Rummel, der um ihn gemacht wird, entfliehen. Alles hinter sich lassen, die Aufregungen des Ministerberufs und die Zwänge der Staatsgeschäfte. *Man merckte wohl daß ich fort wollte; ... ich lies mich aber nicht hindern, denn es war Zeit. Der Morgen war bedeckt gewesen, die oberen Wolcken streifig und wollig, die unteren schwer, es hielt sich das Wetter bey Süd West Wind. Gedancken darüber.*

Am 3. September 1786 nahm er die Postkutsche, stahl sich um drei Uhr morgens unter falschem Namen aus Karlsbad davon und ließ damit auch die Enge Weimars hinter sich. *Gedenck an mich in dieser wichtigen Epoche meines Lebens*, schreibt er an seine zurückbleibende

Freundin Charlotte. Eilig hat er es, den Blick nach vorne gerichtet, gönnt er sich kaum Verschnaufpausen. Von wegen Toskanafraktion. Es ist kein weinseliger Ausstieg bis zur nächsten Kabinettssitzung, sondern eine Flucht. Sehnsuchtsland Italien, das ihn seit seiner Kindheit verführt hat. Dort locken die Klassiker: Moto Guzzi, Ducati, MV Augusta.

Goethe ist allein unterwegs, fast ohne Gepäck, obwohl er keinen kurzen Ausflug unternimmt, sondern aufbricht zu einem beinahe zweijährigen Selbstfindungstrip. Aber das hat er so bei seiner Abfahrt nicht gewusst. Außerdem kann man auf einer Harley nicht viel mitnehmen. Auch ein Nationaldichter nicht. Einen Rucksack und eine kleine Packtasche. Born to be wild. Natürlich nicht ganz so: Bereits in Regensburg hat er sich doch einen Koffer dazugekauft, immerhin nur einen und nicht zwei oder drei. Johann Wolfgang zieht hinaus in die *Einsamkeit der Welt* und seinem Freund Herder schreibt er, *manchmal verdrießts mich daß ich so allein bin und manchmal seh ich denn doch daß es nothwendig war*. An seine Mutter notiert der 37-jährige sächsische Staatsminister und weimarische Easy Rider: *Ich werde als ein neuer Mensch zurückkommen und mir und meinen Freunden zu größerer Freude leben*. Ein ichbezogener Revolutionär zum Wohle aller. So war er. Goethe!

Italien, warum?

Ein Land, das die meisten Motorradfahrer mit Hingabe durchstreifen, wenn sie ein paar Tage Zeit haben und die Heimat vergessen wollen. Im Süden, dort, vor allem dort kann man innere Freiheit spüren.

Warum nur Italien?

Klar, das bessere Wetter, die Sonne, Zitronen und Oliven, dunkle kühle Kirchen und alte heiße Steine, Pasta und Meer, überhaupt: ein Gefühl von Mehr, das italienische Mehrwertgefühl, ganz leicht wird der Sinn, Leichtsinn, Heiterkeit und Ausgelassenheit, Stimmungen, die spätestens hinter Trient kein Versprechen mehr sind, sondern Erfüllung.

Trento.

Goethe war nie in Paris oder London gewesen, nicht im Norden und auch nicht im Land der Antike, in Griechenland. Italien und sonst nichts. Italia. Vor allem Rom galt sein ganzes Hoffen und Bangen – vor allem ihr, der Stadt am Tiber, flog er fiebernd entgegen.

Italien ist jedem Motorradfan ein vorgewusstes Erlebnis: Präsent sind auf deutschen Straßen und in deutschen Köpfen die italienischen Motorräder, so wie auch Goethe dank Kupferstichen die klassischen Stätten vertraut waren, in aller Ferne so nah. Einmal Italien, immer Italien.

Ich überhole Goethe, er kann mir einfach nicht folgen. Wenn kein Gegenverkehr kommt, schneide ich die engen Kurvenkombinationen hinauf, zweiter Gang, dritter Gang, zwischendurch auf der langen Geraden Tempo 130, viel zu schnell für österreichische Radarpistolen. Ich fahre gegen die Uhr, Goethes Uhr. Längst ist er im Rückspiegel verschwunden, gleich beim Start, schon hinter der ersten Kreuzung und folgenden Kurve. Werde ich ihn heute Abend wieder sehen, auf dem Brenner-Pass?

Eine Wettfahrt! Wir sind beide in *Mittelwald* (Mittenwald) losgefahren, beide an einem 8. September früh am Morgen. Goethe 1786, ich 213 Jahre später. Er mit der Kutsche, ich mit einer BMW 1100 S. *Von Mittelwald um sechs Uhr, klarer Himmel es blies ein sehr scharfer Wind und war eine Kälte wie sie nur im Februar erlaubt ist. Die duncklen mit Fichten bewachsnen Vorgründe, die grauen Kalckfelsen, die höchsten weisen Gipfel auf dem schönen Himmelsblau, machten köstliche, ewig abwechselnde Bilder.* Bei mir drückt der Himmel tief und grau, fast so grau wie das Band der Straße, das vor mir breit durch die Landschaft schneidet. Nur da und dort ein paar Andeutungen von Blau im Firmament; Dunstfetzen schwimmen im milchigen Licht knapp über der Schneegrenze in den Bergen, nach oben hin werden die Wolken immer dichter. Ich schalte die Griff-Heizung an meinem Lenker ein, ich brauche etwas Wärme. Eine leichte Glut durchströmt von den Händen herauf meine Arme und hält meine Hoffnung auf besseres Wetter in Italien wach.

Bey Scharnitz kommt man ins Tyrol und die Grenze ist mit einem Walle geschlossen der das Thal verriegelt und sich an die Berge anschließt. Es sieht schön aus. An der einen Seite ist der Felsen befestigt, an der anderen geht es steil in die Höhe. Heute, im Europa des 21. Jahrhunderts, fährt der Reisende vorbei an einer verlassenen Grenzstation, ein paar alte Schilder erinnern noch an Schranken und Zölle, doch der gemeinsame Markt hat alles eliminiert. Auch die beiden Buden für den Umtausch von D-Mark in Schilling hat der Euro geschluckt – allein die Läden mit hochprozentigem

Schnaps und österreichischem Strohrum sind vermutlich ewig, ebenso der Tourismus. Bei Seefeld der Blick auf kahle Hänge, nur bepflanzt mit den Masten der Skilifte. Dann *bey Cirl steigt man in's Innthal herab. Die Lage ist unbeschreiblich schön und der hohe Sonnenduft macht sie ganz herrlich. Ich habe nur einige Striche aufs Papier gezogen, der Postillon hatte noch keine Messe gehört und eilte sehr auf Inspruck, es war Marien Tag.* Große Hinweistafeln künden von Gefahr, Lastwagen sollen in den ersten Gang herunterschalten. Bis zu 16% Gefälle. Alle paar Hundert Meter in die Bergflanke eingeschnittene, gegen Ende steil aufragende Kiesbetten, Ausweichstellen, Nothaltewege, wenn die Bremsen versagen. Ich sehe eine einsame, in Bedrängnis in die Steine gepflügte Spur, die auf halber Höhe endet. Plötzlich vor mir ein niederländischer Wohnwagen, der kaum merklich nach unten ruckelt, fast steht. Ein kurzer Zug am Gas und ich springe an ihm vorbei. Es riecht nach heißer Kupplung. Dann die scharfe Kehre beim noch leeren Aussichtslokal. Mittags stehen hier die Busse. Es gibt Schnitzel mit Pommes und Gurkensalat für 13 Mark 80 oder das Haferl Kaffee mit einem Stück Kuchen für 6 Mark 50, die schöne Aussicht gratis dazu. Von unten kriecht ein voll beladener Betonmischer herauf, Meter um Meter, angestrengt dreht der Motor, eine dunkle, armdicke Fontäne steigt durch das senkrechte Auspuffrohr nach oben. Die Abgase hängen wie ein Zugseil über den nachfolgenden Autos, ein in die Luft geschriebener und bald verblassender Strich, der für kurze Zeit die Ordnung markiert. Schon viele sind bei der Fahrt über den Zirler Berg zu Tode gekommen,

durch ungeduldige Überholmanöver und waghalsige Selbstüberschätzung. Kaum vorstellbar, dass hier einmal Kutschen ins Inntal rumpelten, auf damals kaum befestigten Wegen, mit schwer im Geschirr hängenden Pferden, mit blockierenden, über das knirschende Geröll schiebenden Rädern, endlich an der *Martins Wand vorbey, einer steilabgehenden, ungeheuren Kalckwand.*

Der Blick ist immer noch so berauschend, wie ihn Goethe auf seiner knappen Zeichnung festgehalten hat, ein arkadischer Talgrund, eingerahmt von markanten Kuppen, und schräg gegenüber schließlich die oberhalb von Innsbruck sanft ansteigende Höhe, *es liegen Dörfgen, Häuser, Hütten, Kirchen alles weis angestrichen zwischen Feldern und Hecken auf der abhängenden hohen Fläche,* ein Gelände, welches bereits durch seine Formation verrät, dass hier der Weg wieder nach oben führt für jene, die weiter wollen, die es in die Ferne treibt, Italien zu.

Ich ziehe bei langsamer Fahrt meine Schulterblätter hoch, die kauernde Haltung auf der Maschine ermüdet den Nacken, auch die Lendenwirbel, ich strecke den Rücken durch, um die Durchblutung anzuregen. Ich lasse Innsbruck links liegen, nehme statt der Autobahn die alte Passstraße, rausche an zwei morgendlichen Harleyfahrern vorbei, die mit ihren breiten Lenkern wie Drachen im Wind hängen. Weiter oben färben sich die Lärchen bereits gelb – die Zirbelkiefern hingegen, die der Reisende aus Weimar hier noch direkt an der Straße notierte, suche ich vergebens.

Matrei, Steinach, *bald verengt sichs*, wie Goethe an Charlotte schrieb, schließlich Gries am Brenner, der

Brennersee und endlich der Pass. Seit meiner Abfahrt in Mittenwald habe ich 90 Kilometer zurückgelegt, 56 Minuten sind vergangen. Es ist 7 Uhr morgens. Goethe dürfte jetzt gerade durch Scharnitz fahren, noch beschäftigt sein mit den Grenzformalitäten. Er wird erst in gut zwölf Stunden hier ankommen. Soll ich warten?

Goethe war schon da, ich komme zu spät, knapp 213 Jahre zu spät. Die Vergangenheit ist immer schneller, unerreichbar. Aber ich habe ein wenig aufgeholt. Würde ich jede Etappe so viel schneller bewältigen als er, müsste ich ihn doch einholen können! Ich sitze auf meinem Motorrad und fantasiere mir meine Relativitätstheorie zusammen. Guten Morgen, Johann Wolfgang, der Tag ist kalt und grau, kommst du mit frühstücken, heißen Kaffee und Eier mit Speck?

Der Cappuccino schmeckt hier oben bereits nach Italien, ganz anders als zu Hause in der Pizzeria. Kräftiger, aromatischer – unbeschreiblich. Warum nur? Liegt es am Wasser, an der Luft oder am Pulver, das es doch eigentlich auch in unseren Supermärkten zu kaufen gibt? Ein Betrug? Oder liegt es an den genau abgezirkelten Handbewegungen, die dem Italiener an der màcchina da caffè vielleicht nicht mehr so flüssig gelingen mögen, wenn er die Heimat verlassen hat?

Dann laufe ich durch den Ort, in der Hand die Bleistiftzeichnung, die Goethe hier nach einer Nacht auf der Passhöhe *in einem wohlgebauten, reinlichen, bequemen Hause* angefertigt hat. Schemenhaft sind Höhenzüge und Vegetation zu erkennen, wohl komponiert ist das Gehöft davor gesetzt, im Goldenen Schnitt, dahinter halb verdeckt eine Scheune und rechts, auf der anderen

Seite der Straße, ein Häuslein, vielleicht die Brotbackstube oder die Notkammer für späte Gäste. Ein abgeschiedener Ort, links im Hintergrund nur noch ein einzelner Stadel. *Von hier fliesen die Wasser nach Deutschland und nach Welschland diesen hoff ich morgen zu folgen. Wie sonderbar daß ich schon zweymal auf so einem Punckte stand, ausruhte und nicht hinüber kam!*

Tatsächlich stand Goethe zweimal zuvor auf so einem Punkt, und zwar auf dem Pass des Schweizer St. Gotthard, am 21. Juni 1775 und am 13. November 1779. Er blickte sehnsüchtig hinüber Richtung Italien, ins gelobte Land, und imaginierte den nahen Lago Maggiore, den er nie sah, aber in ›Wilhelm Meisters Wanderjahre‹ beschrieb, als habe er Wochen und Monate dort verbracht. Doch diesmal will er sich nicht *wieder dem Vaterlande zuwenden*, sondern widersteht den Kräften, die ihn zurückziehen und will endlich *weiter gehn*. Womöglich hat er das italienische Sprichwort »Partire e un po' morire« verinnerlicht, fürchtet jenes Stück Tod, das jede Reise mit sich bringt, denn unterwegs stirbt immer etwas vom Alten ab.

Ich hebe den Blick von Goethes Zeichnung. Statt des einsamen Gehöfts vor mir die »Bar Brenner«, links das »Spaghetti-Haus«, Heiße Würstel, Bier vom Fass, Huhn vom Grill, Eis, Lederparadies, Alimentari, Vini, Liquori, Cacciatori Tipo Brescia, Jausenstation »Prestige«, Hot Dog, Weinhof »Zum Willi«, Bar »Anita«, »Schuhe 30% OFF«, United Colors of Benetton im Discount, Cambio Valute – Geldwechsel – Exchange, Cassa di Risparmio, Bancomat, 24 Stunden, Souvenirs und immer wieder

Autos, Motorräder, Autos, Motorräder, Autos, die nicht verweilen wollen, sondern als Perpetuum Mobile des Individualverkehrs rollen und rollen und rollen. Drinnen, in der Kirche am Brennerpass, rechts neben dem Altar, ein zeitgenössisches Bild, das einen Jesus zeigt, der eine leicht bekleidete Frau von einer Bahre hochzieht, vielleicht ein Unfallopfer wieder zum Leben erweckt? Im Hintergrund schiebt sich die Blechlawine ins Tal. Der Brenner ist längst kein Übergang in ein anderes Leben mehr, in eine neue Existenz wie bei Goethe, sondern ein von Abgasen geschwängerter Pass mit rußgeschwärzten Hausfassaden, keine echte Grenzüberschreitung, sondern notwendiges Übel.

Notiziae parrocchiali del brennero – in einer dunklen Ecke der Kirche hängt der Pfarrbrief für die Vorübereilenden. Holpernd hat der Pfarrer das ›Gebet der Autofahrer‹ für die Touristen aus Germania übersetzt:

Guter Gott, gib mir heute, Geduld,
wenn der Idiot vor mir ständiger bremst;
Auffahrung
damit ich die Kind am Straßenrand nicht übersehe;
Gelassenheit, wenn Kinder noch auf die Straße laufen,
obwohl die Ampel schon rot zeigt.

Daneben das Bild eines Fiat 500 mit schwerer Dachlast und darunter die Worte »Erholsamer als die Reise in die Ferne ist die Reise in die eigene Mitte«.

Goethe wollte beides und wusste es zu verbinden.

63

Der ganze Himmel ward bedeckt, und die Sonne endlich verdunckelt, die Dünste verwandelten sich in Wolcken, die noch in ziemlicher Höhe schwebten und die Bewohner jammerten, daß schon wieder Regen folge. Ich breche gegen Mittag vom Brennerpass auf, es beginnt tatsächlich zu tröpfeln, ich will vor dem Wetter flüchten, als mich, ein paar Kilometer weiter, kurz vor Sterzing, tatsächlich ein kräftiger Guss erwischt. Wieder Einkehr. Nach einer Stunde Aufenthalt geht's weiter.

Der Postillon schlief ein und die Pferde liefen den schnellsten Trab bergunter immer auf dem bekannten Wege fort, kamen sie an ein eben Fleck ging's desto langsamer, er erwachte und trieb. Ich treibe meine Maschine an, fahre schnell, möchte endlich vorankommen, Strecke machen nach dem langen Aufenthalt und der vom Regen erzwungenen Pause.

Trens. Mauls. Mittewald. Brixen. Klausen. Ich jage an Dörfern und kleinen Städten vorbei. Der Kilometerzähler hüpft stetig um eine Zahl vorwärts. Beim Blick in die Landschaft staune ich, wie wenig sich verändert hat in gut 200 Jahren.

Bozen: *Eine milde sanfte Luft füllte die Gegend. Die Hügel am Fuß der Berge sind mit Wein bebaut.*

Trient: *Alles was höher hinauf nur zu vegetiren anfängt hat nun hier schon alles mehr Krafft und Leben und man glaubt wieder einmal an einen Gott. … Weingeländer, Mays, Haidekorn, Maulbeerbäume, Fruchtbäume, Nuß und Quittenbäume.*

Rovereto: *Hier bin ich nun in Roveredo hier schneidet sichs ab. Von oben herein schwanckte es noch immer vom deutschen zum italiänischen, nun hatt ich einen stock*

*wälschen Postillon. Der Wirth spricht kein deutsch und
ich muß nun meine Künste versuchen.*

Ich halte an, Raststätte Rovereto-Nord. Ich muss tan-
ken, kurze Pause, in der Hand den üblichen Plastik-
becher mit heißem Automaten-Kaffee. Nun werde ich
Goethes Route verlassen, wir müssen uns trennen, ich
möchte heute Abend in Bologna sein, er aber den Lago
di Garda nicht verpassen. *Den wollte ich nicht versäu-
men und bin herrlich belohnt. Nach fünfen fuhr ich von
Roveredo ab ein Seiten Thal hinauf,* aber ich rolle, nachdem ich seiner Kutsche noch eine Zeit lang nachge-
schaut habe, an die Schranke der Mautstelle, ziehe das
Ticket für die Autobahn aus dem Automaten, klappe
mein Visier herunter, drehe mit Lust am Gas, der
Asphalt wird zum rauschenden Band, das unter mir
durchschießt wie das unaufhörlich brausende Wasser
auf den Felsen einer Stromschnelle. Knapp 200 Kilometer liegen heute noch vor mir. Johann Wolfgang
Goethes ›Tagebuch der italienischen Reise‹ ist derweil
im Tankrucksack vor mir zwischen Kamera und Wasser-
flasche sicher verstaut und wartet geduldig darauf, wieder konsultiert zu werden. Das Inhaltsverzeichnis mit
den Ortsnamen bestimmt meine Route.

Verona. Mantua. Die namhaften Städte ziehen an mir
vorbei, ablesbar an den schwindenden Entfernungen,
die auf den großen Tafeln entlang der Autostrada
geschrieben stehen, bis eine Ausfahrt blitzartig von der
greifbaren Nähe des jeweiligen Ortes kündet. Ein kurzes Zögern, die Verlockung eines Abstechers, dann bin
ich schon vorbei und wieder eingebunden in den Fluss
des Verkehrs. Geschwindigkeit halten, überholen, sich

überholen lassen. Als nächstes über den Po, *ein freund-licher Fluß, flaches Land, große Plainen*, Reggiolo, Carpi, Modena, alles Orte, die auch Goethe nur streifte, schließlich Bologna. Es ist immer noch der 8. September, inzwischen halb acht Uhr abends. 437 Tageskilometer zeigt mein Tacho an, ich war von *Mittelwald* in Oberbayern bis hierher immerhin dreizehneinhalb Stunden unterwegs. Ich bin erschöpft, die Ohren sirren von den lauten Windgeräuschen des Helms bei schneller Autobahnfahrt, mein T-Shirt unter der Lederkombi ist verschwitzt. Ich zähle nach. Jetzt habe ich bereits zehn Tage aufgeholt. Goethe wird erst am 18. September hier eintreffen und dann in sein Tagebuch schreiben: *Auch in Bologna müßte man sich lange aufhalten. Ich habe keinen Genuß an nichts, ich eile nur gleichsam ängstlich vorbey daß mir die Zeit verstreichen möge, und dann mögt ich, wenn es des Himmels Wille ist zu Allerheiligen in Rom seyn.*

Ich suche mir ein kleines Hotel mit Garage, »Dei Commercianti«, durchstreife später La Rossa, den alten Kern Bolognas. Warmes Rot an den Hauswänden, eine Flucht von Arkadengängen, alte Geschäfte, eine Konditorei mit einer verschwenderisch üppigen Hochzeitstorte im Schaufenster, und kurz danach die Auslage eines Eisenwarengeschäftes, wo alle möglichen Arten von Meißeln drapiert sind wie kostbares Kunsthandwerk.

Am nächsten Morgen sitze ich auf der Terrasse des Hotels Commercianti. Das Frühstück ist typisch italienisch, also bescheiden (Caffè, Butter, ein Töpfchen

Marmelade, zwei Scheiben Weißbrot) und lässt mir alle Zeit der Welt für das Studium der Wegbeschreibung zum Firmensitz von Ducati: *Follow the ring road until exit N°2 and continue in the direction of Modena. At the first traffic light, turn right into Via Cavalieri Ducati, 3.*

Für den Biker ist Rom nämlich keineswegs der Höhepunkt der Italienreise, viel eher wallfahrtet er nach Mandello del Lario am Comer See. Oder eben nach Bologna. In die Via Cavalieri Ducati, 3. Die Motorräder waren immer eine Sache des reichen, industriellen Nordens, nie des Südens.

Die Fassade der Firma Ducati ist zur sechsspurigen Ringstraße hin über die gesamte Front und fünf Stockwerke hoch mit einem riesigen Banner bespannt, einem Bild von Könnerschaft und absoluter Konzentration: Superbike-Champion Carl Fogarty legt sich in die Kurve, die Arme im richtigen Winkel, das Gewicht ideal verlagert, er jongliert mühelos mit der Schwerkraft, *von einem himmlischen Genius erleuchtet.* Goethe steht derweil vor Raffaels Bildnis der Cecilie, sieht endlich mit eigenen Augen, was er zuvor nur auf einer Abbildung studieren konnte.

Am Werkstor wartet Simonetta auf mich, sie soll mich herumführen, durch eine, wie ich schnell bemerke, enorm moderne Produktion mit digital gesteuerten Fräs- und Bohrmaschinen. Simonetta spricht in gebrochenem Deutsch und mit jugendlicher Frische von Qualitätssteigerung bei gleichzeitiger Kostendämpfung, von Effektivierung und »Just in Time«-Lagerhaltung. Dann

stockt sie, denn ich blicke wohl etwas konsterniert, wähnte ich mich doch im Herzen des Mythos (Ducati, die Legende!), eine offenbar heillos romantische Vorstellung. Ich muss mich erst an den Gedanken gewöhnen: Die Ökonomie kommt heutzutage vor der Kunst, ein Motorrad zu bauen. Die bekannteste und im beginnenden 21. Jahrhundert erfolgreichste Motorradmarke Italiens wurde 1998 aufgrund finanzieller Schwierigkeiten von einer US-Investorengruppe aufgekauft; ein Jahr später notierte das Unternehmen an den Börsen von New York und Mailand. Das ist Globalisierung. Aber mir bleibt ja noch das neueröffnete Museum, *ich will den belebenden Hauch der Antike spüren*, auf den Spuren des Meisters Fabio Taglioni wandeln, dem Michelangelo der Motorrad-Konstrukteure. Goethe hat in Bologna seinen Raffael, ich will des genialen Taglionis Einzylinder samt Königswelle studieren, seine desmodromische Ventilsteuerung, die er in den fünfziger Jahren entwickelt hat. Die funktioniert so – …

Nun bin ich doch versucht, in technisch-mechanischen Erklärungen zu schwelgen, obwohl ich mir geschworen habe, das in diesem Buch zu vermeiden. Aber der Laie möge mir verzeihen und sich wie bei einem Gedicht, das er in fremder Sprache hört, einfach dem Klang und Fluss der Worte hingeben:

DESMODROMIK

Die Ventile (mit einem langen i gesprochen) werden über Kipphebel nicht nur geöffnet (eine kleine Pause einfügen), sondern gleichermaßen geschlossen. (Absatz) Die ansonsten hierfür verwendeten Federelemente (Be-

tonung auf Feder) verschleißen nicht nur früher (etwas schneller werden), sie bringen auch nicht dieselbe Leistung.

Man spricht bei Ducati von einer Motorenphilosophie. Tatsächlich ist in einem der Räume des Museums der alte Zeichentisch von Fabio Taglioni aufgebaut, als handle es sich um den Sekretär eines berühmten Poeten, an dem einige seiner großen Sonette entstanden sind. Ein paar von Taglionis Skizzen werden präsentiert, zeichnerische Meilensteine des Rennsports, die sich ohne Erklärung nur dem Fachmann erschließen. Was Goethe zu Raphael notierte, es passt auch auf den genialischen Ingenieur: *Es war an ihm nicht ein Haarbreit willkührliches, nur daß er die Gränzen und Gesetze seiner Kunst im Höchsten Grade kannte und mit Leichtigkeit sich darin bewegte.*

Ducati freilich wäre um ein Haar nicht mehr geworden als ein nur respektabler Elektrokonzern. Davon zeugen in Vitrinen die ersten Produkte der 1926 am Stadtrand von Bologna gegründeten, damals kleinen Fabrik: Rasierapparate, Filmprojektoren, Radios und andere Gerätschaften, die dem eingeschworenen Motorrad-Fan allenfalls einen Stoßseufzer der Erleichterung entlocken – lieber eine Ducati fahren, als sich mit einem Ducati den Bart stutzen.

In der Vorhalle des Museums dann noch Modelle aus der aktuellen Produktion: der Sporttourer ST 4, das unverfälschte Basic-Bike Ducati Monster, der Klassiker Ducati 916, die bildschöne Replika MH (Mike Hailwood) 900 evoluzione und schließlich das kompromiss-

lose Superbike 996 SPS. *Fünf Heilige neben einander, die uns alle nichts angehen, deren Existenz aber so vollkommen ist daß man dem Bilde eine Dauer in die Ewigkeit wünscht, wenn man gleich zufrieden ist selbst aufgelößt zu werden.* Wahrlich keine gewöhnlichen Motorräder im Zeitalter der industriellen Massenproduktion, trotz aller Effektivierung und »Just in Time«-Lagerhaltung noch immer einzigartige, individuelle, lebendige Maschinen, wenn auch bisweilen ihre Elektrik streikt oder die Kupplung der Hand das Leben schwer macht.

Gegen Mittag verlasse ich den Sehnsuchtsort schon wieder, *mir läuft die Welt unter den Füßen fort und eine unsägliche Leidenschaft treibt mich weiter.* Goethe will nach Rom, ich muss zurück nach München, der Familie wegen.

Die Ausläufer des Apennin zucken durch meinen Rückspiegel. Die Luft ist klar wie nach einem Gewitterregen, die Farben der Natur leuchten übernatürlich, ganz irreal, die Konturen der Berge sind wie mit einem harten Stift gezogen. Dann schwenke ich nach rechts, nehme die Autobahn Richtung Venézia, fahre einen kleinen Umweg: zersiedelte Landschaft, ganze Regimenter riesiger Werbetafeln als Wegelagerer des Kommerzes, Waschmittel, Lavazza, Ramazotti, Fiat, Campari, weit auseinander gezogene Industrieanlagen, Einkaufszentren, dazwischen ebenes Brachland mit Geschwüren aus hingekipptem Bauschutt und immer wieder Haufen von Müll.

Der Pilgerweg für italiensüchtige Biker. Passion und Raserei. Auf den 300 Kilometern zwischen dem Veneto

und der nördlichen Lombardei liegen wie an einer Kette aufgereiht die Perlen italienischer Motorradkunst, Laverda, Aprilia, Cagiva, Benelli, MV Agusta, Moto Guzzi. Kurz hinter Mailand liegt Monza, die legendäre Rennstrecke, wo 1999 Phönix aus der Asche aufstieg. Phönix, das ist MV Agusta, die untergegangene Weltmeister-Marke, die hier das Roll-out der 750 F4 feierte. Das rassige Edelbike wurde als limitierte Serie Oro mit einer Stückzahl von nur 300 Exemplaren aufgelegt. Die laufende Seriennummer ist vorne auf die Gabelbrücke graviert, ein extravaganter Spaß, der den Besitzer über 70 000 DM kostet. Dafür gibt es 126 PS bei 12 200 Umdrehungen und zwei Jahre Garantie ohne Kilometerbegrenzung; Höchstgeschwindigkeit solo 272 km/h, Beschleunigung von 0 auf 100 km/h in 3,2 Sekunden. Eine wahre Auspuff-Kaskade ziert das schlanke Heck, vier Rohre blasen das Verbrannte ins Freie, an nichts wurde gespart, jedes Detail ist ein kleines Kunstwerk für sich. Da fällt selbst Goethe nichts mehr ein. Italienische Motorräder muss man nicht mögen, man muss sie lieben. Vorbehaltlos. Wer nicht die richtige Einstellung mitbringt, sollte lieber gleich von der Stange kaufen, einen Japaner etwa. Ein italienisches Motorrad nämlich ist dem Lenker nicht gefügig, vielmehr verlangt es bedingungslose Unterwerfung, dazu Einfühlungsvermögen und charakterliche Reife. Es ist wie bei italienischen Schuhen: außergewöhnlich, teuer, aber nicht unbedingt bequem. Hart wie ein Brett ist die Sitzbank der Seria Oro, der kantige Tank drückt sich mir verdauungsfördernd in die Magengrube, meine langen Beine falte ich unter leichten Schmerzen an das

Chassis. Die Kniescheiben geben knackende Geräusche von sich, der längst überfällige Besuch beim Orthopäden streift meine Gedanken. Begeisterte Testfahrer in den einschlägigen Fachzeitschriften erklärten beschwichtigend, diese kleinen Zugeständnisse an die 750 F4 wirkten wie Staubkörner im Universum. Die MV Agusta – ein Motorrad der Leidenschaft, eines, das uns schafft. Auf in den Kampf mit der Bestie. Endlich frohlockt auch Goethe wieder über ein Gefährt, das *mich, sogar in völliger Freyheit und im Genuß des erflehtesten Glücks, manches hat leiden machen. Und ich kann nicht wünschen daß es anders seyn möge.*

Am nächsten Morgen, nur ein paar Kilometer weiter: Wer mit einer Moto Guzzi nach Mandello del Lario am Comer See kommt, schießt vor dem Werkstor natürlich das obligate Mein-Motorrad-in-seiner-Heimat-Foto. Anders als bei Ducati in Bologna vermittelt der deutlich betagte Firmensitz der ältesten italienischen Motorradschmiede den unwiderstehlichen Charme gelebter Größe. Die malerischen, gelb bröckelnden Fassaden scheinen mit der gelassenen Patina des Ruhmes gestrichen, hier braucht man nichts mehr zu beweisen. Perfekt bis ins kleinste Detail sind die anderen, man selbst hat lieber Herz, so wie der ruppige Zweizylinder der Guzzis immer als Herz bezeichnet wird, das vernehmbar schlägt. Der Glanz der Vergangenheit mit großen Rennsporterfolgen lebt fort. Leben und leben lassen: Am nahen Seeufer haben die Beschäftigten einen eigenen Ruderclub, auf einer Bootshütte steht »Canottieri Moto Guzzi«. So unverwüstlich die rauhen

V2-Motoren eben sind, so strapazierfähig ist auch die Liebe der Guzzisti zu ihrer Marke. Einmal Moto, immer Guzzi. Als Gerüchte laut wurden, dass das seit 1921 in Mandello befindliche Stammwerk vom Comer See Richtung Monza umziehen solle, streikte nicht nur die seit vielen Generationen mit der Gegend verwurzelte Belegschaft, es hagelte Proteste aus aller Welt. Keine Fangemeinde innerhalb der Bikerszene identifiziert sich so rückhaltlos mit der eigenen Marke, höchstens die ebenfalls recht vibrationsfreudigen Harleys dürfen sich vergleichbar irrationaler wie internationaler Wertschätzung erfreuen.

Dabei ist der Umzugswunsch von Moto Guzzi absolut verständlich und nach einem kurzen Blick auf die Topografie sofort nachvollziehbar: eingezwängt zwischen dem See und dem 2200 Meter hohen Grigna Meridonale fehlt es vor allem an einem – an Platz! Das gleich hinter den Fabrikhallen steil aufsteigende Felsmassiv sitzt dem Werk so bedrohlich im Nacken wie der Empfangsdame das große, neonleuchtende Firmenlogo, der berühmte Raubvogel, der den Tank jeder Guzzi ziert. Bei der Führung über das Gelände zeigt mir mein Begleiter, dass wirklich jedes freie Eckchen bebaut und jeder Quadratmeter genutzt wurde. Dann legt er Sorgenfalten in seine Stimme und macht mich auf die abgestoßenen Ecken an vielen Mauern aufmerksam, erklärt mit brüchigem Unterton, die Abstände zwischen den Hallen seien einfach zu gering für die großen LKWs, die hier rangieren müssten. So stoße man tagtäglich und ganz wörtlich an die eigenen Grenzen, eine sinnvolle Logistik der Produktionsabläufe sei längst der Kunst der Impro-

visation gewichen. Das alles nur, weil »eine Guzzi, die nicht aus Mandello kommt, keine Guzzi ist«, wie es der Haufen der Getreuen nicht müde wird zu betonen. Schlimm, schlimm ist das alles. Und ohne Ausweg. Vermutlich wird das Firmenareal ohnehin irgendwann einmal unter Denkmalschutz gestellt, als europäisches Kulturerbe ausgewiesen, mit der kleinen, hauseigenen Renn- und Erprobungsstrecke, die wie ein Hemdkragen um die dicht stehenden Hallen gelegt ist, und dem schon historisch zu nennenden Windkanal, der in den fünfziger Jahren der modernste ganz Italiens war. Sogar kleine Autos wie der Fiat 500 konnten hier aerodynamisch optimiert werden. Wenn man heute die riesige Turbine anwirft, fällt in ganz Mandello del Lario für ein paar Stunden der Strom aus. Folglich lässt man es. Vieles wirkt, als sei man noch nicht ganz im neuen Jahrtausend angekommen.

Der Ortswechsel wird sich trotzdem auf Dauer nicht vermeiden lassen, nur wird er jetzt von langer Hand vorbereitet. Eine Gratwanderung psychosozial orientierten Managements. Die Geschäftsleitung versucht, bei Neueinstellungen junge Leute aus jener Gegend zu gewinnen, in der man sich künftig niederlassen möchte. Man könnte es einen vorauseilenden Umzug nennen, letztlich ein gefährliches Spiel mit der eigenen Identität. Derweil offenbart sich das altmodische Guzzi-Museum (tägl. geöffnet von 15 – 16 Uhr) als sympathischer Anachronismus. Es gibt keine aufwändige Präsentation wie bei Ducati, man hat einfach Maschine direkt neben Maschine gestellt, bis auf drei Ausnahmen die gesamte Produktion seit 1921, über 200 Fahrzeuge auf engstem

Raum. Ein Alptraum für jede Putzfrau, da zudem die kritische Halbwertszeit so mancher Sattelpolsterung längst erreicht ist: hart gewordener, bröselnder Schaumstoff unter sprödem Plastik. Da steht er, ein Fuhrpark der Vergänglichkeit, darunter auch das geländegängige Militärfahrzeug Mulo Meccanico aus den frühen sechziger Jahren, das trotz vier Rädern in freier Wildbahn immer wieder umkippte und Moto Guzzi an den Rand des Ruins brachte. Die Produktion musste damals nach 250 Exemplaren eingestellt werden.

Zum Schluss möchte ich mich noch in das Guzzi-Gästebuch eintragen, aber die Mine des Kugelschreibers ist eingetrocknet. Die letzte Eintragung ist ein paar Tage alt, Roland aus Karlsruhe hat sie in rührend fürsorglichem Ton auf das linierte Papier geschrieben, ach was, mit Resten von Blau gekratzt: »Wollte einmal meine Guzzi zu ihren Wurzeln bringen.«

Nun wittre ich wieder Gebirgs und Vaterlands Luft da wird mirs denn, wo nicht besser, denn anders, notiert Goethe gleichmütig seine seelische Verfassung während der Rückreise im Mai 1788, *es ging hart zu da ich mich trennte.*

Ich lege mich in Mandello del Lario noch ein wenig an das Ufer des Comer Sees und beobachte den Himmel, der sich langsam bezieht. Wie die Lamellen einer Jalousie schieben sich die Wolken über die Berge, bis irgend jemand übermütig an der Schnur zieht und den Himmel zu einer einzigen, undurchsichtigen Fläche macht. Nachdem die Sonne so verschwunden ist, hält eine Polizeistreife oben an der Uferstraße, ein Carabi-

nieri ruft mir zu, ob das mein Motorrad sei, ich dürfe dort nicht parken. Ich verspreche baldigen Aufbruch, studiere die Karte und wähle einen Heimweg über den Maloja-Pass Richtung St. Moritz, dann einen Schlenker über die Albula-Passhöhe, hoch nach Davos, dort, in der Gegend des Flüela-Passes, werde ich mir noch einmal eine Unterkunft für eine Nacht suchen. Doch im Moment freue ich mich vor allem über das zupackende Fauchen, das aus dem Auspuff tönt.

Magische Kräfte walten, die Albula-Passstraße zieht es mich hoch wie an einer Schnur, ich fahre mit hohem Tempo, durcheile in Schräglage die Serpentinen, alles ist wie aus einem Guss, das Motorrad, ich, meine Bewegungen. Bisweilen gibt es solche Straßen, die sofort mit einem zu tanzen beginnen, die einen seltsam vertrauten Rhythmus anschlagen, die pochen im Takt des Herzens, als habe sich das eigene Wesen in Form eines Bandes über die Landschaft gelegt und man könne nun darüber hinwegfliegen, um endlich die Kurven und Kehren des eigenen Lebens auszukosten. Es nicht das Ziel allein, das mich hinaustreibt in die Welt; als höchstes Glück erweist sich oft der unwiderstehliche Augenblick, wenn ich in der Fremde etwas Eigenem begegne, einem oft gedachten, aber noch nicht ausformulierten Gedanken, einer Ahnung, einem Gefühl, für das mir bisher noch die Worte fehlten und das jetzt einfach am Rande der Straße liegt und auf mich wartet.

Manchmal ists mir wie einem Kinde, das erst wieder leben lernen muß.

Die Abfahrt vom Albula-Pass ist dann wie ein ruhiges Ausatmen, ich gebe kaum Gas, lasse die Maschine rollen. Es beginnt zu nieseln, dann zu regnen, was, nach dem tiefen Erlebnis der vorausgegangenen Bergfahrt, das Gefühl verstärkt, für heute sei es genug, jeder weitere Kilometer eine Verwässerung des soeben gespürten Glücks. Ich trinke Kaffee in Davos, kann mich dort aber nicht zum Bleiben entschließen. Ich blicke auf die Karte, möchte noch über den Flüela-Pass fahren, vielleicht bis Susch. *Susch.* Für mich klingt das schön, der Name des Ortes hat Wärme, die Nestwärme einer behaglichen Unterkunft. *Susch,* mit einem tiefen, dunkel klingenden U. Ich biege auf der Straße nach Klosters rechts ab zum Flüela, schieße ein paar Kilometer später an einem einsam an der Straße liegenden Berggasthof vorbei, dunkles Holz, Blumen vor den Fenstern, alles wirkt einfach und keineswegs touristisch überzüchtet, ich bremse, drehe um und habe mein Quartier für die Nacht gefunden. »Alpenrose«, ein Zimmer unter dem Dach, ich dusche, lege mich kurz aufs Bett, spule die Fahrt über den Albula vor meinem inneren Auge noch einmal ab und setze mich dann hinunter zum Abendessen. Am Nebentisch sitzt eine ältere Stuttgarterin mit ihrem Mann, sie lädt mich zu einem Glas Wein ein und will gar nicht glauben, dass ich allein unterwegs bin. Wieder und wieder fragt sie mich: »Jetzt sagen Sie mal, warum machen Sie das, so allein? Motorradfahrer sind doch immer in Gruppen unterwegs.« Meine Antwort überzeugt sie nicht. Ich schildere ihr die Verlockung der Einsamkeit, betone den Genuß der Selbstbestimmung für ein paar Tage, da man sich das ganze Jahr über auch

nach den Bedürfnissen der anderen zu richten hat, der Familie, der Freunde, der Kollegen. Welche Abwechslung, einmal eine Zeit lang in den Tag hinein leben, ihn ganz und gar nach eigenem Willen formen zu können. »Ja, aber warum allein? Ihre Kollegen fahren doch immer in Gruppen!« Die Dame aus Stuttgart lässt nicht locker. Soll ich ihr mit Goethe kommen, meinem virtuellen Sozius, meinem stillen Begleiter? Dann könnte sie triumphieren: Na bitte, doch nicht ganz allein! Aber ich ließe Goethe sein Plädoyer für die Einsamkeit halten: *Ich habe mich auf dieser Reise unsäglich kennen lernen. Ich bin mir selbst wiedergegeben.* Die Dame aus Stuttgart würde anfangen, ich säh's ihr an, zu verstehen. Weiter Goethe! *Ich darf wohl sagen: ich habe mich in dieser anderthalbjährigen Einsamkeit selbst wiedergefunden.* »Aber als was?«, würde die Stuttgarterin ihren letzten Zweifel formulieren. – *Als Künstler!* Und als Mensch, würde ich noch hinzufügen, auch als Mensch.

Am 18. Juni 1878 ist Goethe nach der Fahrt über Lindau, Augsburg und Nürnberg wieder in Weimar. Ich bin schon am nächsten Tag bei meiner Familie. Ich war nur vier Tage unterwegs, er fast zwei Jahre, aber ich würde ihn wieder mitnehmen, mit ihm auf Tour gehen, mit Goethe!

Er war nämlich ganz anders, aber er kam nur so selten dazu.

Die *kursiv* gesetzten Passagen des vorangegangenen Textes sind Originalzitate aus Johann Wolfgang Goethes ›Tagebuch der Italiänischen Reise für Frau von Stein (1786)‹ sowie aus Briefen Goethes in jener Zeit.

Ohren

Ein Verhaltensforscher, der sich viel mit Motorrädern beschäftigt, meint, dass das Einspurfahrzeug (noch dazu das motorisierte!) gar nicht mehr zugelassen würde für den Straßenverkehr, hätte man es erst jetzt erfunden: zu kompliziert in der Bedienung, instabil, nur schwer in Balance zu halten, dafür viel zu schnell – also lebensgefährlich.

Dem Motorrad sind eine Menge solcher Paradoxa zu eigen. Sein Fahrer braust meist allein und isoliert in der Gegend herum, ein wenig manisch und durch den Helm gar nicht fähig zur Kommunikation, trotzdem schwärmt er vom intensiven Gemeinschaftserleben mit anderen Bikern. Er frönt der Lust an der Beschleunigung und fürchtet gleichzeitig den Sturz mit schweren Folgen. Er genießt im Fahrtwind ohne schützende Hülle das Erlebnis von Weite und Vielfalt der Natur und hat doch an der zunehmenden Technisierung und Vermassung des Lebens teil. Er will sich selbst finden, seiner sinnlichen Verarmung entfliehen und trägt mittelbar auch zur Entfremdung des Menschen von sich selbst bei. Er setzt sich bewusst von der Massengesellschaft ab und fördert gleichzeitig das allgemeine Unbehagen an den zivilisatorischen Begleiterscheinungen: Lärm, Dreck, Umweltverschmutzung.

Diese dem Motorrad innewohnende Widersprüchlichkeit setzt sich am nachhaltigsten (weil am direktesten erfahrbar) im Klang-Erleben fort: Da wird von den

Firmen viel Geld ausgegeben, um einen speziellen Sound zu kreieren, werden ausgewiesene Akustik-Designer engagiert, um der rasselnden Mechanik ein sattes Bollern oder wildes Röhren aufzupfropfen, und dann ziehen später die Benutzer dieser fauchenden Bestien ausgeklügelt dämmende Schalen über den Kopf und hören kaum mehr was von der tönenden Pracht. Experten arbeiten gegen Experten. Denn auch die Hersteller moderner Sicherheitshelme beschäftigen Fachleute: Dämpfungsspezialisten, die sich vor allem darum bemühen, die lästigen Außengeräusche (zuerst natürlich die des vorbeistreichenden Fahrtwindes) zu minimieren. Geschluckt wird dabei natürlich jeder Schall. Dies freilich nur bis zu einem gewissen Grad – Tempi über 120 km/h sind in der Regel ein eher lautes Vergnügen und über längere Strecken genossen ziemlich ermüdend. Weshalb sogar spezielle Biker-Stopfware angeboten wird, um den anstrengenden Geräuschpegel weiter zu reduzieren. Mit Ohropax aber hört der Motorradfahrer gar nichts mehr vom himmlischen Donner seines Auspuffs und montiert fortan entweder seinen Dämpfer ganz ab oder ersetzt ihn durch eine lautere Tüte, damit die Ohren wieder auf ihre Kosten kommen. Er investiert viel Geld, das sich nicht in Rauch, aber in Schall auflöst. Ein Teufelskreis explodierender Spesen, denn die Missachtung der aktuellen Lärmschutzverordnungen kann teuer werden. Wer nicht hören will, muss fühlen und nach Zustellung der entsprechenden Mahnbescheide wohl oder übel zahlen. Wer gar nichts hören will (nämlich der Passivhörer dieses ganzen Lärms um fast nichts), hat also das Recht auf seiner Seite. Dem Motorradfahrer bleibt kaum etwas anderes übrig, als ab und zu rechts ranzufahren, den Helm abzunehmen und beglückt der Melodie seines Motors zu lauschen. Nur dann gilt: Ich bin ganz Ohr.

Manchmal sieht man am Straßenrand, auf Rastplätzen und in Parkbuchten, zwei oder drei Gestalten andächtig um eine Maschine herumstehen, den Kopf leicht geneigt, keiner sagt etwas, sie haben die Lauscher aufgestellt und schenken der Musik des PS-Zeitalters ihr Gehör: *Tatatatam. Tatatatam. Bullbullbullbull.*

John
oder
Im Zentrum der Maschine

Manche Motorradfahrer haben ein erotisches Verhältnis
zu ihrer Lichtmaschine, aber selten zu einer Frau.
Susanne Marman, Fernreisende

Man kann die Frauen lieben und trotzdem über die besondere Form
eines Bremshebels philosophieren.
Maximilian Hoest, Fernreisender

Die Orte werden immer kleiner, die Provinzstadt zum
Städtchen, die Ortschaft zum Dorf, die Gemeinde zum
Weiler, das Nest schließlich zum Flecken. Dann bin ich
da. Ein paar alte Bauernhöfe, zwei oder drei Neubauten,
eine Straße, die erkennbar früher ein Fußweg war und
sich auch heute noch eng zwischen den Häusern durch-
schlängelt. Obstbäume. Auf einer Weide Schafe.
Bauerngärten. Stöße von für den Winter aufgeschichte-
tem Holz. Ich frage mich durch. Schließlich stehe ich
vor einem einfachen Bauernhaus, an der Seite zum Hof
hängt ein weißer Balkon, ein Ahornbaum steht davor.
Eine ausgetretene Holztreppe führt hinauf in den ersten
Stock. Ein vergilbter Druck der schwangeren ›Madonna
del Parto‹, die Piero della Francesca 1453 für die Fried-
hofskapelle von Monterchi malte, hängt seitlich an der
Hauswand. Schräg vis à vis, im Pferch, suhlen sich zwei
Schweine. Sie tragen ihr späteres Schicksal im Namen –

82

sie sind nach einer Pastete und einer regionalen Wurst-spezialität benannt. Im Garten steht, von einer halbho-hen Naturstein-Mauer umfangen, das Plumpsklo, eine kleine Holzhütte mit Schindeldach. Ein paar Meter wei-ter schwelt ein Grillfeuer. Niemand zu sehen. Ich rufe laut: *John!* Lausche. *John?*

Hier lebt John. John Berger. 1926 in London geboren, irgendwann in dieses Bergdorf der Haute Savoie nahe des Genfer Sees gezogen. Schriftsteller, Maler, Zeichner, Augenzeuge von Veränderungen sowie stiller Betrachter von Dingen. Bekannt wurde er durch die Roman-Trilogie über das Leben der Bauern in Savoyen ›Von ihrer Hände Arbeit‹.

John lebt wie die Bauern um ihn herum und doch wie-der nicht. Er verzichtet auf Luxus, wohnt ohne großen Komfort, gemeinsam mit seiner Frau Beverly und sei-nem Sohn Yves. In den ehemaligen Stall ist ein schmuckloses Bad eingebaut. Das Herz des Hauses schlägt in der geräumigen, vom Ofen durchwärmten Küche. Aber draußen vor der Tür steht ein Ding aus einer anderen Welt. Ein mattschwarzes Geschoss, eine bullige, geduckte Honda CBR 1100 XX. 150 PS, 275 km/h schnell, Beschleunigung von 0 auf 100 km/h unter drei Sekunden. Mit ihr fährt John in den nächsten Ort zum Brötchenholen oder im Hochsommer, wenn das Heu gemacht wird, um die Ecke zu einem alten Bauern, seinem Vermieter, dem er bei der schweren Arbeit hilft. Nach ein paar Stunden kommt er zurück, verschwitzt, an seinem ausgewaschenen, blauen Unterhemd hängen noch ein paar Strohhalme. So steigt er wie ein Arbeiter

aus dem vorletzten Jahrhundert von seiner Black Bird herunter, von der geflügelten Honda.

Ich bin John das erste Mal im Herbst 1997 bei einer Ausstellung in einer kleinen Galerie in Issing bei Landsberg begegnet. Dort stellte er erstmalig in Deutschland seine Arbeiten aus. Porträts. Köpfe. Aber auch Fische. Und Studien zu Tizians ›Nymphe und Schäfer‹. Ich wusste, dass John Motorrad fährt, er hatte in einem Roman darüber geschrieben (›Auf dem Weg zur Hochzeit‹), aber dass er seine Empfindungen als Biker auch zeichnerisch aufs Papier brachte, war mir neu. Ich fragte ihn danach. Er nahm mich beiseite, entrollte einen Packen Blätter, breitete sie aus, auf dem obersten sah ich zwei schwarze Motorrad-Handschuhe, die nebeneinander auf einem Tisch liegen und leicht ineinander geschoben sind wie zu einem Gebet. Ich sagte, ganz spontan, das seien Dürers betende Hände für Biker. John lachte.

Ein Gedicht zu schreiben ist das Gegenteil einer Motorradfahrt, hat er einmal formuliert, *auf dem Motorrad verhandelst du bei hoher Geschwindigkeit mit allem, was dir begegnet, ohne an irgendetwas zu rühren. Wenn du hingegen ein Gedicht schreibst, lauschst du auf alles, nur nicht auf das, was im Moment geschieht.*
Auf dieser Zeichnung vor mir begegneten sich die Poesie und der Motorradfahrer im Raum der Imagination. Die Handschuhe sprechen von etwas Abwesendem, von ihrem Träger, so wie das auch Jacken an der Garderobe oder abgestreifte Stiefel tun. John ist ein Spezialist für solche Momente und Zeichen, die beim

Betrachter Erinnerungen auslösen. Gefühle. Er hat erst im Alter begonnen, das, was er beim Motorradfahren erlebt, bildlich umzusetzen, nicht im Sinne einer visuellen Idee, wie beim Zeichnen eigentlich üblich, sondern viel unmittelbarer, als experimentellen Ausdruck einer körperlichen Erfahrung. *Es ist unglaublich schwer und ich weiß nicht, ob es mir je gelingen wird. Aber ich versuche es,* sagt er.

Wir redeten bald über persönliche Dinge, weil wir feststellten, dass unsere Frauen, wenn sie als Sozias bei uns mitfahren, eine auf dem Motorrad eigentümliche Gewohnheit teilen: Die Finger vor dem Bauch des Fahrers verschränkt, werden sie müder und müder und fallen schließlich in einen leichten Schlaf. Kopf und Helm beginnen dann, bei Bodenwellen oder Bremsmanövern, leicht gegen die Rücken ihrer Vorder-Männer zu tippen. Zuerst war das ein sehr irritierendes Gefühl, aber schnell lernten wir es schätzen, weil es von Vertrauen zeugt.

Hacken weit zurück, Ellbogen angewinkelt, Handgelenke entspannt, Zwerchfell gegen den Tank. Eine Änderung des Blicks oder eine Berührung mit den Fingern, oder die Bewegung einer Schulter, und seien sie noch so gering, werden mühelos, ohne jede menschliche Verzögerung, in Wirkung umgesetzt. So ist der Motorradfahrer in dem Roman ›Auf dem Weg zur Hochzeit‹ beschrieben. Wer den Dingen auf den Grund gehen will, muss im Kleinen das Große suchen, am flüchtigen Detail das zugrunde liegende Prinzip erkennen, lautet Johns oberste Devise.

Er hat ein präzises Gespür für die minimalen Regungen des Körpers, weil die über das Ganze oft mehr verraten als die erkennbaren, großen Gesten. Der Motorradfahrer ist wie ein Artist auf dem Hochseil, angewiesen auf die Beherrschung feinmotorischer Glanznummern und vertraut mit der Einsicht in die enorme Wirkung vorsichtigster Bewegungen. Allerdings gibt es sehr viel mehr Motorradfahrer als Balancekünstler unter der Zirkuskuppel.

Abends sitzen wir in der Küche und studieren die Sohlen von Johns Stiefeln. Zeigt her eure Schuhe! Der Absatz des linken Stiefels ist hinten stärker abgenutzt als der des rechten, weil man beim Stoppen zuerst den linken Fuß auf den Boden setzt, mit dem anderen betätigt man beim Motorrad die Fußbremse. Und dieser rechte Schuh wiederum ist an der Stelle unterhalb des Fußballens besonders strapaziert, dort, wo Sohle und Bremshebel aneinander reiben. Der Motorradfahrer verrät sich durch seine Schuhe.

Wir beginnen eine Skizze zu machen von den besonderen Anforderungen, die ein Motorrad an seinen Fahrer stellt: Dessen Gliedmaßen sind viel intensiver als die des Autofahrers eingebunden in die maschinelle Fortbewegung, die Bremsarbeit etwa wird nicht vom Fuß allein bewältigt, die Hand packt mit an; außerdem wird die Maschine ganz wesentlich über Hände und Füße im Gleichgewicht gehalten bzw. stabilisiert. Auch das typische Rechts-Links-Gefälle ist aufgehoben: Die rechte Seite des Fahrers ist zwar (wie beim Autofahren) fürs Gasgeben und Bremsen zuständig, die linke aber erle-

digt den kompletten Schaltvorgang: Kuppeln und dazu noch die Gangwahl.

Mir fällt etwas auf: Ich frage mich nie, warum ich Auto fahre, aber erkunde gerne die Gründe und Stimmungen des Motorradfahrens. Ich habe auf der Maschine immer das Gefühl, zentriert zu sein, im Zentrum zu sitzen, das Zentrum zu bilden. Woran liegt das?

John überlegt. Dann sagt er: *Vermutlich fühlst du dich im Zentrum, weil du direkt auf dem Motor sitzt und dessen Wärme spürst, ihn zwischen den Knien hast. Die Kraft der Maschine wird deine eigene.*

Dann kommen mir wieder Hände und Füße in den Sinn. Ganz banal: *Was macht eigentlich der Daumen beim Motorradfahren?*

John denkt nach. Wir einigen uns darauf, dass der Daumen stabilisiert, dass ganz wesentlich er es ist, der uns auf der Maschine hält. *Eine irrationale Idee, aber man muss sich das Gefühl, ohne Daumen zu fahren, einmal vergegenwärtigen.*

Ich stelle mir meine Handgriffe auf dem Motorrad vor. In welcher Beziehung stehen Greifen und Begreifen? Entwicklungsgeschichtlich gesehen gibt es da einen engen Zusammenhang.

Die Hand ist ein handelndes Sinnesorgan, vielleicht die wichtigste Schnittstelle zwischen äußerer und innerer Welt. Mir fällt auf, dass, wenn ich Gas gebe, die Bewegung auf mich gerichtet ist. Es gibt nicht den groben Tritt auf ein Pedal weg vom Körper, sondern eine feine Drehung in Richtung meines Körpers, was das Gefühl der Zentrierung auf dem Motorrad weiter unterstützt – es

ist eine höchst sensible Handlung, sie verlangt Fingerspitzengefühl. Sensorisch komplex.

John ergänzt: *Auch beim Hochschalten ziehst du die Gänge mit dem Fuß zu dir hin, wie der Fahrer überhaupt beim Motorrad sehr stark ein Mittler zwischen Fahrbahn und Fahrzeug ist. Durch den Kontakt der Reifen mit der Straße, die selbst aus der Topografie und in enger Wechselwirkung mit ihr entstanden ist, begreifst du plötzlich das ganze Szenarium um dich herum. Fühlst die Landschaft, spürst sie, ihre körperliche, individuelle Ausformung. Die Anatomie des Geländes. Das leichte Auf und Ab sanfter Hügelketten, die Gleichmäßigkeit einer Ebene, die Windungen eines Tales. So erlebst du das Terrain, durch das du dich bewegst, ungewohnt intensiv.*

Ja, antworte ich, *die Informationen gehen durch die Maschine in den Körper und – im Sinne eines kybernetischen Regelungsprozesses – zurück zum Motorrad.*

Wie ist es bei dir, frage ich, *mir fällt das Anhalten mit dem Motorrad viel leichter als mit dem Auto. Ich halte einfach an. Ich glaube, es ist selbstverständlicher, weil die Tür fehlt. Ich muss keine Tür aufmachen und aussteigen, sondern bin schon draußen.*

John überlegt kurz: *Also, das Anhalten ist manchmal wichtiger als das Fahren. Ich halte gerne an, berühre einen Stein, setze mich kurz wo hin, studiere den Verlauf einer Straße. Andererseits bist du, sobald du den Helm aufhast, oft getrieben vom Impuls der Bewegung. Du kannst gar nicht mehr anhalten, obwohl du es vielleicht gerne wolltest.*

Ich kenne den Zustand: *Stimmt, diese Tage gibt's auch, an denen es nur fahren, fahren, fahren gibt. Aber*

vermutlich erlebt das jeder Motorradfahrer sowieso anders. Für mich ist das Motorradfahren voller Gegensätze; ich habe überhaupt den Eindruck, dass es eine der widersprüchlichsten Beschäftigungen ist, die sich denken lassen.

Ja, nickt John, *vieles ist paradox. Zum einen hast du auf dem Motorrad eine enorm gesteigerte Wahrnehmung, was die Formen, die Konturen einer Landschaft betrifft, ihre Struktur, und das gilt auch in Bezug auf die Wechsel von Luft und Temperatur sowie Licht und Schatten. Man ist also sehr sensibel dafür, überhaupt sehr konzentriert und aufmerksam, weil das eigene Leben davon abhängt. Aber zum anderen verschaffen diese intensiven Empfindungen bzw. konzentrierten Beobachtungen dir ein hohes Maß an Entspanntheit. Man kann geistig abschweifen, fühlt sich merkwürdig frei. Zwei sehr unterschiedliche Bewusstseinszustände mischen sich da unbegreiflich.*

Ich stimme zu: *Es ist eine verrückte Mischung aus Aktion und Kontemplation – oder: Konzentration und Reflexion. Alle Sinne sind geschärft und diese Unbedingtheit überträgt sich auf andere geistige Bereiche. Nur so kann ich mir das erklären. Also, ich achte auf den Verkehr und habe gleichzeitig das Gefühl erlösten Gedankenflugs. Vieles geht mir durch den Kopf auf dem Motorrad, manchmal ist es ein Assoziieren und Fabulieren wie in einem Rausch oder nach einer Meditation, wenn du ganz bewusst zur Ruhe gekommen bist. Ich nenne es meinen persönlichen Flow. Dabei fällt mir ein: Diese Freiheit im Denken und Klarheit im Erkennen, zu denen ich auf dem Motorrad plötzlich fähig bin, auch auf mich selbst bezogen, die habe ich in deiner Zeichnung ›Into fourth‹ wieder gefunden. Es ist wie ein Röntgenblick. Der*

Blick hinunter auf deinen linken Fuß, der gerade in den vierten Gang schaltet. Man sieht nicht nur einfach deinen Stiefel, man sieht durch den Stiefel hindurch und kann deinen Knöchel, deine Zehen und Zehennägel erkennen. Die Zehen sind leicht nach oben gekrümmt, wie das beim Schalten von einem Gang in den nächsthöheren passiert. Du hast etwas gezeichnet, was niemand sieht, von außen nicht und du selbst ja auch nicht. Es ist eine Vision. Außerdem hast du gar kein Motorrad dazu gezeichnet, keine Straße, nur links oben einen blauen Strich wie einen Fetzen Himmel und eben deinen Fuß. Die Striche auf dem Papier sind ganz auf den Moment des Schaltens konzentriert und trotzdem verweisen sie auf einen viel größeren Zusammenhang. Wie die Handschuhe, die du gezeichnet hast. Vielleicht ist es eine Form von Selbstvergewisserung: Du nimmst dich selbst wahr. Du bist da. Du lebst. Deshalb ist ›Into fourth‹ für mich ein sehr schönes Beispiel für das, was ich beim Fahren spüre und denke.

*

Die Straßen werden wieder breiter, die Orte immer größer. Ich fahre durch ein paar Weiler, ein Dorf, eine Ortschaft, ein Städtchen, dann die Provinzstadt und bin schließlich auf der Autobahn. John ist vermutlich mit seiner Honda gerade die paar Meter um die Ecke zu dem alten Bauern gefahren, Heu machen. Ich kann vor mir die Reste gehäckselten Strohs an seinem Körper sehen, und wie später vor seinem Haus unter dem Ahorn Licht und Schatten auf seinem blauen, verwaschenen Unterhemd spielen, wenn er zurückkommt und

verschwitzt von der geflügelten Honda steigt. Ich stelle mir vor, wie die ›Madonna del Parto‹ fromm und gottergeben auf das Ding aus einer anderen Welt schaut.

Die Zeit mit John ist immer viel zu kurz. Ich wollte ihm noch von meinem Blick auf die Welt erzählen, von meinem wunderlichen Blick auf die Erde, wenn ich mit dem Motorrad unterwegs bin. Dann verändert sich manchmal alles. *Manchmal* heißt, vor allem wenn ich im Gebirge unterwegs bin, wenn ich in nicht zu großer Höhe durch idyllische Täler fahre und einen weiten Blick ins Land habe. Wenn sich Ebenen und Berge zum Horizont hin staffeln wie auf einer altertümlichen Theater-Kulisse. Wenn unversehens die Sonne durch die Wolken bricht. Und *alles* meint natürlich nicht alles. Aber Wesentliches verändert sich. Die Straßen und die Siedlungen verschwinden. Die Überland-Leitungen und die Strom-Masten. Die Autos und die Menschen. Dann habe ich das Gefühl, durch unberührte, archaische Natur zu fahren. Durch Täler, die noch nicht besiedelt sind und allenfalls ahnen lassen, dass da, auf dem Plateau vor mir, irgendwann ein Dorf stehen wird. Die Anhöhe scheint wie geschaffen dafür. Aber keiner ist bisher hier vorbeigekommen und hat diesen Blick geblickt. Meinen Blick. Biografien im Konjunktiv. Später könnten hier mal Menschen leben und von einem Ort zum anderen ziehen, sich lieben und streiten, aber jetzt noch nicht, noch nicht. Es hat noch Zeit, nur die paar Minuten, bis ich meinen Weg durch dieses Tal gefunden habe. Bis ich weg bin, auf und davon, und die Gegenwart hinter mir wieder

zusammenschlägt wie ein Meer, das sich für meine Durchfahrt, nur für mich, kurz geteilt hat.

Ich möchte diesen Blick auf die Welt gar nicht analysieren. Es ist gut, dass es ihn gibt. Gehört er mir?

Er ist zu wertvoll, um vermessen zu werden.

Ein paar Kurven später. Ein Motorradfahrer überholt mich. Seine Maschine ist stärker und schneller als meine. Trotzdem schaffe ich es, an ihm dranzubleiben. Manchmal ist er weit weg; ich verliere ihn aus den Augen. Doch jedes Mal, wenn ich wieder zu ihm aufschließe, vermeine ich ein leichtes Kopfschütteln zu sehen. Aber wir gewöhnen uns aneinander. Es wird eine Art Gespräch daraus. Gas geben und verzögern. Er sagt etwas, dann bin ich wieder dran. Wir haben kein Wort miteinander gesprochen, als wir uns nach zwei Stunden und gut 150 Kilometern voneinander verabschieden. Er biegt nach rechts ab, ich fahre geradeaus weiter.

Zwei Helme drehen sich einmal kurz zur Seite. Jeder von uns drückt einmal auf die Hupe. Mehr nicht.

Reifen haften für ihre Fahrer
oder
Die Grüne Hölle

Der Fahrzeugführer darf nur so schnell fahren,
dass er sein Fahrzeug ständig beherrscht.
Straßenverkehrsordnung, § 3.1

Eine Straße ist dann nass,
wenn die Fahrbahn insgesamt mit einem
Wasserfilm überzogen ist.
Bundesgerichtshof, DAR 78, 82

Auf den letzten Kilometern beginnt es zu regnen. Schon bei der Live-Übertragung des Formel-1-Rennens hatte der Fernsehkommentator erwähnt, dass in der Eifel das Wetter sehr wechselhaft sei. Es war ein kurioses Rennen gewesen. Trockene Straße zu Beginn und am Ende. Aber zwischendurch war es feucht gewesen. Nicht richtig nass, aber der Gedanke an Regen hatte das Ferrari-Team vollkommen durcheinander gebracht. Ein Fahrer kam für den Reifenwechsel in die Box und die Mechaniker waren untereinander uneins, ob sie nun die Pneus für nasse oder trockene Straße aufziehen sollten. Was normalerweise sechs bis sieben Sekunden dauert, zog sich über eine halbe Minute hin. Ein irrwitziger Moment. Der Fahrer wollte schon los, aber der rechte

Hinterreifen fehlte noch. Eine halbe Minute. Eigentlich keine Zeit, aber in der Formel-1 eine Ewigkeit.

Das Wetter ist also launisch hier, oft auf der Kippe, Ende September sowieso. Der Herbst kommt ein paar Wochen früher als am Bodensee oder in Oberbayern. Die Zahl der Tropfen auf meinem Visier wächst. Über die hügelige, rauhe Landschaft johlt ein frischer Wind. Es gibt kaum Wälder, nur vereinzelt Bäume, manchmal auch in kleineren Gruppen, und flache Büsche, Gestrüpp, nichts, was den Wind wirklich aufhalten könnte. Die Gegend wirkt abweisend, dünn besiedelt, sie war im 19. Jahrhundert eine der ärmsten Preußens. Viele Emigranten mit dem Ziel Amerika stammten von hier. Der Rennkurs wurde 1925 als Notprogramm der Erwerbslosenfürsorge des Kreises Adenau ersonnen, Arbeitsplätze sollten geschaffen werden. Das Projekt endete schließlich mit dem Bankrott der Kreisstadt, die sich finanziell total übernommen hatte. Der Bau verschlang viel mehr Geld als ursprünglich veranschlagt. Sieht man die Gegend heute, wundert man sich nicht, dass ausgerechnet hier die Rennstrecke gebaut wurde, hier störte sie keinen – stört bis heute niemanden.

Der Himmel ist grau, früher Abend. Die Autos fahren mit Licht und blenden mich. Zwischendurch blicke ich immer wieder nach oben, eine Studie in Grau: Helle Partien gehen über in schnell dahinziehende, aufgepumpte Wolkenballen, da und dort dunkle, dramatische Himmelspartien, fast schwarz, deren Nähe man fürchtet. Links wischt der Neon-Lichtfleck einer Imbissbude vorbei. Zwei einsame Motorräder davor. Ein Bild der

Verlorenheit wie bei Edward Hopper. Im Augenwinkel lese ich »Einkehr zum Ring«.

Der Ring.
Der Nürburgring.

Die »Erste Gebirgs-, Renn- und Prüfungsstrecke« in Deutschland wurde 1927 eröffnet. Für 16 Millionen Reichsmark war der germanische Rundkurs am Rande von Rheinland-Pfalz errichtet worden, raffiniert eingepasst in die bewegte Eifellandschaft, gespickt mit zahllosen Tücken und immer in Sichtweite der legendären, lange uneinnehmbaren Festung in seiner Mitte, der Nürburg aus dem 11. Jahrhundert. Das Nachrichtenmagazin ›Der Spiegel‹ bezeichnete die 20,8 Kilometer lange, landschaftlich beeindruckende Nordschleife einmal als *das Matterhorn der Auto-Gesellschaft – ein Ort der Sehnsüchte, der Heldensagen und Katastrophenberichte.* Jackie Stewart kreierte irgendwann den Ausdruck *Grüne Hölle* und Niki Lauda machte die rutschige Piste ohne ausgewiesene Sicherheitszonen durch seinen Unfall im August 1976 endgültig zum Mythos. Er saß auf der Höhe des Streckenabschnitts Bergwerk fast eine Minute lang in seinem brennenden Fahrzeug fest. Danach fanden hier keine Grand-Prix-Rennen mehr statt, im Süden wurde ein neuer, nur 4,5 Kilometer langer Hochgeschwindigkeitskurs gebaut, aber genutzt wird die alte Berg- und Talbahn nach wie vor: Tourenwagenmeisterschaften finden hier statt, 24-Stunden-Rennen und Testfahrten. Außerdem dürfen an Sonntagen Hinz und Kunz auf die Strecke: 72 Kurven, maximal 17% Steigung und 11% Gefälle. 20 DM kostet die

Runde und es gilt das Faustrecht der Straße, ohne Rücksicht auf die Straßenverkehrsordnung. Man muss zwar keinen Gegenverkehr fürchten, dafür aber den Neben- oder Hintermann. Kein Wochenende, an dem nicht der Rettungshubschrauber einfliegt. Motorradfahrer werden aufgerieben zwischen Golf GTIs und *getunten* Mantas, verrückte Porsche-Piloten drängen sich gegenseitig an die Leitplanke und Spaß macht's nur, wenn man volle Pulle gibt, wenn man spürt, *dass das Leben mehr als ein Job bei VW ist* (›Der Spiegel‹). Seit dem Bestehen der Strecke kamen hier in 70 Jahren 400 Menschen ums Leben, fast sechs pro Jahr. Der reinste Friedhof. Man könnte es als blanken Zynismus bezeichnen, dass hier unter der Woche Sicherheitstrainings stattfinden, dass hier versucht wird, Motorradfahrern die Kontrolle über ihr Fahrzeug und sich selbst beizubringen, aber das sind eben die zwei Seiten der Medaille, die Widersprüche des Lebens, die auch den Nürburgring prägen. Vielleicht gerade den.

Der Lehrgangsleiter heißt mit Vornamen Erlend und begrüßt alle motorradfahrenden Motorradfahrer des Perfektionstrainings. Es ist nicht ganz klar, ob er diese Doppelung in seiner Rede zu Beginn nun witzig gemeint oder ob er sich versprochen hat. Mindestens viermal sagt er während der Begrüßung noch, wir sollten immer locker und entspannt fahren – beim vierten Mal habe ich aufgehört zu zählen. Aber an den nächsten Tagen wiederholt er es jedes Mal, wenn er sich zu Wort meldet.

Am ersten Abend folgte noch ein Referat über Grundlagen der Fahrphysik mit entsprechenden Verhaltens-

empfehlungen. Wir sollen aus dem Bauch fahren und trotzdem mit Kopf. Ich versuche mir das vorzustellen, finde aber kein Bild dafür. Das erinnert mich an die Widersprüche des Rings wie des Lebens, aber vielleicht besteht die Kunst darin, Gegensätzliches zu verbinden.

Ich denke über eine spezielle Biker-Dialektik für Sicherheitsbewußte nach: langsam fahren, aber schnell sein Ziel erreichen. Oder: Nur wer abfährt, kann auch ankommen. Der Referierende schärft uns ein, dass immer mehr Schräglage drin ist, als wir meinen, in gefährlichen Situationen könnten wir uns darauf verlassen. Man hat immer eine Reserve, denn keiner fährt am absoluten Limit. Und wenn es ganz brenzlig wird: *Legen! Legen! Legen!* Lieber die Maschine auf die Straße drücken und mit ihr als Rammbock vorneweg über den Asphalt schliddern, als aus aufrechter und sehr viel höherer Position stürzen.

Danach sitzen wir beim Abendessen. Das Dorint Hotel liegt direkt an der Rennstrecke. Wenn ein Formel-1-Rennen ansteht, kostet hier die Unterkunft pauschal 7000 DM für das ganze Wochenende. Von den Nordwest-Zimmern und vom Speisesaal aus sieht man hinaus auf den beleuchteten Start/Ziel-Bereich. Der Asphalt glänzt nass. Es ist Montagabend. Es regnet. Ach was: Es gießt! Das Perfektionstraining, das ich gebucht habe, nennt sich *Frisch und Fit.* Im Kopf mache ich *Frisch und Feucht* daraus. Im äußersten Fall wäre es, um den Stabreim fortzuführen, *Kalt und Klamm.* Oder sogar *Frostig und Furchtbar?*

Wir sind acht in unserer Gruppe, aber es gibt noch elf weitere Gruppen. Am Nebentisch, bei Gruppe 7, sind

sie bereits beim Thema. Man nennt das *Benzin reden.*

Wie weit ist denn der Berti mit seiner Duc, fragt einer.

Ich glaub, er baut jetzt die Verkleidung neu auf, sagt ein anderer. Man versteht jedes Wort, weil es bei uns am Tisch noch relativ ruhig ist. Die klassische Beklommenheit zu Beginn. *Könnte ich bitte mal das Brot haben?* Danach ist es wieder still. *Ich würd gern auch mal das Brot … Ja, danke.*

Ich bin der Dietmar, begrüßt uns unser Ausbilder, ein älterer, graumelierter Herr mit bereits lichtem Haupthaar, ich schätze ihn so um die 55 Jahre alt, österreichischer Akzent, jovial im Ton. *Ich bin 42* (Dietmar macht eine lange Pause) *geboren* (lacht), *in Wien, dann aufgewachsen in São Paulo und studiert hab ich in Reutlingen.* Mehr erzählt er nicht, sondern fordert uns auf, uns auch kurz vorzustellen. Eine illustre Runde: Beate (aus Siegen) fährt erst seit einem Jahr Motorrad. Werner (aus Amberg) dafür schon seit mehr als zwanzig Jahren. Er hat das Perfektionstraining auf dem Nürburgring bei einer Tombola während eines Motorradtreffens gewonnen. Christoph (aus Bergisch-Gladbach) fühlt sich gehemmt, nicht wegen uns, sondern weil er vor zwei Jahren einen Unfall hatte mit schwerem Beinbruch als Folge. Er möchte lernen, wieder freier zu fahren. Verena (aus Aachen) möchte einfach überhaupt fahren, ohne Gegenverkehr und mit viel Schräglage. Andreas (aus Karlsruhe) jammert ein wenig über seine Maschine. Ob es die richtige sei, möchte er von Dietmar wissen. Derweil macht Jürgen (aus Frankfurt) einen Witz: Was er von Beruf sei, wird er gefragt. *Sandmännchen*, antwortet er. Es dauert ein bisschen, bis alle kapiert haben, dass er Anästhesist ist.

Fehlt noch Wilfried (aus Berlin), der unsere Gruppe am nächsten Tag bereits nach der ersten Trainingseinheit verlassen wird, weil wir ihm zu langsam sind.

Bald nach dem Essen gehe ich ins Bett. *Legen! Legen! Legen!* Ich sage es mir vor. Ich stelle es mir vor. Ich kann es mir nicht vorstellen. Wie war das noch: Mit dem Kopf, aber aus dem Bauch fahren. Oder so. Darüber schlafe ich ein.

Ich stehe früh auf. Muss früh aufstehen. Es ist noch dunkel. Trainingsbeginn ist um 7 Uhr 45. Aufstellung in Gruppen an der neuen Einfahrt zur Nordschleife. Ein Blick aus dem Fenster bestätigt meine Befürchtung: Es ist windig, Regen peitscht über das Land. Die Eifel. Ich rede mir ein, es spiele keine Rolle. 1500 DM kosten die zweieinhalb Tage Sicherheitstraining, also wird auch gefahren. Aber zuerst Frühstück. Auch bei den anderen hält sich die Begeisterung in Grenzen. Das Wetter. Wenigstens ist es nicht allzu kalt. Nur *Frisch und Feucht.*

Mein Zimmer liegt direkt über der Einfahrt zur Garage. Es ist bereits 7 Uhr 35, in zehn Minuten beginnt das Training. Ich putze mir gerade die Zähne, da beginnt es zu brummen. Es klingt, als würden Hornissen fluchtartig ihren Bau verlassen. Eine nach der anderen, aber ganz knapp hintereinander. *Brumm. Brumm. Brumm.* Ich trete ans Fenster und sehe, wie unter mir die Motorräder aus der Garage fahren, fliegen, röhren. Mehr als hundert Maschinen. In Anbetracht des Wetters erinnert es mich an den Zug der Lemminge. Hinein ins Verderben. Ich schlüpfe in meine Regenkombi und fah-

re mit dem Lift nach unten. Die Garage ist schon leer, nur einer steht noch da und bekommt seine Maschine nicht an. Wenigstens bin ich nicht der Letzte.

Das Training beginnt mit einer Entspannungsübung. Die Hände locker auf den Lenker auflegen, den Kopf auf die Brust fallen lassen, die Bauchdecke raus, die Schultern hängen lassen, den Po locker und weich machen, nicht spitzärschig auf der Maschine sitzen. Das ist die Birnenhaltung. Wir lernen sie. Tief reinsetzen! Sie überzeugt mich. Ich spüre förmlich, wie ich mit der Maschine verwachse. Wie ich nach unten hin breit in sie hineinrutsche. Mich ihr anpasse. Ich habe zwar noch Körperspannung (die braucht man auch beim Motorradfahren), aber ich fühle mich frei, selbstbestimmt, nicht verkrampft. Der Meditationsleiter nennt das die Vertrauenshaltung, im Gegensatz zur Misstrauenshaltung. Die Misstrauenshaltung würden wir ja vom Zahnarzt kennen, wenn der zu bohren anfängt. Dann würden wir nur mehr auf den Schmerz warten. Das könne uns beim Motorradfahren das Leben kosten. Wer angespannt sei, könne nicht schnell und sicher reagieren. Insofern sollten wir uns beim lieben Gott bedanken. Der Regen sei ein Geschenk des Himmels, denn wie könnten wir besser lernen, unsere Misstrauenshaltung aufzugeben als bei nasser Fahrbahn. Abschließend meldet sich noch Erlend, der Lehrgangsleiter, kurz zu Wort, um zu sagen, wir sollten immer locker und entspannt fahren. Dann geht's los.

120 Fahrer setzen ihre Helme auf, klappen ihre Visiere herunter und starten fast gleichzeitig ihre Maschinen, ein imposantes gemeinschaftliches Aufheulen, ein starker, mitreißender Klang, der mir eine Gänsehaut auf die

Arme zaubert. Eine Gruppe nach der anderen zieht davon und verliert langsam in den dichten Regenschauern alle Konturen.

Wir fahren ein paar Kilometer, jeder Streckenabschnitt des Nürburgrings hat einen Namen. Tiergarten. Hatzenbach. Hocheichen. Quiddelbacher Höhe. Flugplatz. Schwedenkreuz. Aremberg. Fuchsröhre. Adenauer Forst. Wir stoppen schließlich bei einem Schild, auf dem »Kesselchen« geschrieben steht. Am ersten Tag stehen wir oft an der Strecke und bekommen die Kurven erklärt. Dietmar seziert sie wie mit dem Skalpell, alles liegt offen vor uns. Der Scheitelpunkt der Kurve; wo wir uns lösen müssen; ab wann wir die Kurve hinterstechen können; wie die Ideallinie ist. Trotz der vielen Theorie fahren wir bis zum Mittagessen sechsmal die gesamte Nordschleife. Knappe 150 Kilometer bei Regen. Dann ist Pause. Ich gehe auf mein Zimmer, esse zwei belegte Semmeln und falle erschöpft auf mein Bett. Legen, legen, legen, grinse ich in mich hinein. Ich hätte nicht gedacht, dass das so anstrengend ist. Der Regen. Die absolute Konzentration. Meine Augen fühlen sich müde an, sind gerötet, denn das Visier des Helms ist immer einen Spaltbreit offen, damit es nicht beschlägt.

Dann bin ich weg, schlafe tief. Erst das Geräusch der ausfliegenden Hornissen weckt mich wieder. Mist!

Am Abend stehen weitere 150 Kilometer auf meinem Tacho. Ich habe mich bei Regen noch nie so wohl gefühlt auf meinem Motorrad. Die Gespräche beim Essen sind entsprechend beflügelt im Vergleich zu gestern Abend. Nur Andreas (aus Karlsruhe) jammert weiter

über seine Maschine. Vielleicht sind es auch die Reifen. Oder beides. Er redet viel, bringt sich selbst aber nie ins Spiel. Das sollte er vielleicht tun, gibt Dietmar (aus Wien, Sao Paulo, Reutlingen) zu bedenken. Beate (aus Siegen) ist derweil froh, dass sie überhaupt mithalten konnte. Werner (aus Amberg) auch, ansonsten ist von dem Tombola-Gewinner kaum etwas zu hören, ein schweigsamer Mensch. Christoph (aus Bergisch-Gladbach) meint, es sei ganz gut gelaufen, vielleicht schaffe er es doch, seinen Unfall zu vergessen. Verena (aus Aachen) möchte nach wie vor einfach fahren, ohne Gegenverkehr und mit viel Schräglage, weshalb sie auf besseres Wetter hofft. Dem schließt sich Jürgen (aus Frankfurt) bedingungslos an, vor allem, weil bei Regen seine Brille unter dem Helm immer anläuft. Er sieht kaum etwas. Wilfried (aus Berlin) ist bereits in der schnelleren Gruppe und strahlt. Sie seien heute die Fuchsröhre hinuntergestochen, mit 200 km/h, das ginge auch bei Regen. Ich nicke und assoziiere nur *Legen! Legen! Legen!* Ich spüre das Bier, das ich beim Abendessen getrunken habe, die Zunge wird schwer. Ich fühle mich, als hätte ich den ganzen Tag hart gearbeitet (was gar nicht so falsch ist), sage wieder früh Gute Nacht und bitte noch die Dame an der Rezeption, man möge mich morgen um sieben Uhr wecken.

Auf meinem Zimmer angelangt bin ich nur mehr fähig, aufs Bett zu fallen und den Fernseher einzuschalten. Ich entdecke schließlich ein paar Sonderkanäle, auf denen Tag und Nacht Bilder von der Grand-Prix-Rennstrecke übertragen werden, von allen neuralgischen Punkten und kniffligen Kurven. In der Dunkel-

heit erfassen die fest installierten Videokameras natürlich nur die Schemen des Kurses – darüber schlafe ich ein.

Ein Geräusch weckt mich, mein nasser Stiefel, den ich kunstvoll mit dem Schaft nach unten auf die Heizung gestellt habe, ist heruntergeplumpst; verstört blicke ich auf den Fernseher, der zeigt noch immer das vage Bild der Start/Ziel-Geraden bei Nacht, ich liege angezogen auf dem Bett, mit einem schalen Geschmack im Mund. Ich ziehe mich aus, gehe aufs Klo, putze mir die Zähne. Ein Blick in den Spiegel und in meine verquollenen Augen wirft die Frage auf, ob ich mich darüber freuen soll, morgen wieder Runde um Runde die Birnenhaltung üben zu dürfen. Ich zweifle daran und lege mich wieder hin.

Immer locker und entspannt fahren, meint Erlend. Natürlich regnet es wieder. Ich wäre gern im Bett geblieben. Ich spüre, wie sich meine Motivation verabschiedet. Das wird nicht besser während des Morgentrainings, noch dazu, wo unsere Gruppe immer wieder überrundet wird von schnelleren Trupps, von denen einige bei nasser Straße mit absolut unglaublicher Geschwindigkeit unterwegs sind. Der Vormittag gestaltet sich ernüchternd. In mir reifen zwei Erkenntnisse: 1. Ich bin nur ein durchschnittlicher Motorradfahrer. 2. Mein von verführerischen Hochglanzprospekten geschürtes Verlangen nach einer größeren und schnelleren Maschine ist unsinnig, weil ich die Möglichkeiten meines eigenen Motorrads, einer Honda Transalp, noch gar nicht ausgeschöpft habe, eigentlich nie an ihre Grenzen stoße.

Der Nachmittag hat dann schon wieder ein ganz anderes Profil. Sind wir bisher immer nur brav hinter Dietmar hergefahren, dürfen wir jetzt, einer nach dem anderen, selbst für eine Runde vornewegfahren und versuchen die eigene Ideallinie zu finden. Tiergarten. Hatzenbach. Hocheichen. Quiddelbacher Höhe. Flugplatz. Schwedenkreuz. Aremberg. Fuchsröhre. Adenauer Forst. Ich kenne die Strecke inzwischen ganz gut und habe das Gefühl, bei Regen so schnell zu fahren wie sonst nicht bei trockener Straße. Es geht ohne Probleme und ich bin verblüfft, dass die Reifen noch haften.

Dann ein letztes Mal durch die Grüne Hölle, die eine Nasse Hölle war, aber keiner aus unserer Gruppe ist während der zwei Tage gestürzt, alle sind stolz, mehr oder weniger. Nur Andreas (aus Karlsruhe) hadert weiter mit seinem Motorrad und dem Schicksal. Er sei nur gerutscht. Die Reifen würden nichts taugen.

Beim Abschluss-Büfett bleiben wir immer locker und entspannt, jeder bekommt ein Foto von sich mit auf den Weg, damit er daheim der Familie oder den Kollegen in der Arbeit zeigen kann, wie er auf dem Nürburgring unterwegs war. In zwei Tagen 600 Kilometer bei Regen. Leider sieht man auf dem Foto gar nicht richtig, wie nass die Straße war. Schade. Egal.

Hoffentlich regnet es morgen wieder, denn vermutlich kann ich bei trockener Straße gar nicht mehr fahren, mit meiner neuen Birnenhaltung. Außerdem überlege ich, ob ich nicht Erkenntnis Nr. 2 vom Vortag ignorieren soll, nachdem es in der letzten Runde so gut gelaufen war

und ich überhaupt so viel gelernt habe. Vielleicht doch eine größere und schnellere Maschine? Euphorisch schlafe ich ein.

Am Tag der Abreise ist alles wieder anders. Es gibt unterwegs Gegenverkehr und unzählige Kurven, die ich nicht kenne. Dazu regnet es. Ich fahre so wacklig und angestrengt wie ein Anfänger. Mit dem Kopf und einem flauen Gefühl im Bauch.

Legen? Legen? Legen?

Zimmer mit Aussicht

Ich hatte Rückenschmerzen, da kaufte ich mir ein Motorrad.
Da waren sie weg.
Maren Euve, Schriftstellerin

Es ist nicht wichtig, wohin du fährst, sondern wie du zurückkommst.
Ratschlag aus dem Roman ›Herrn Kukas Empfehlungen‹

Ich suche verzweifelt das Eiswürfelfach. Wo ist nur das Eiswürfelfach? Hier muss es irgendwo sein! Ich komme mir langsam ziemlich dumm vor, bin ich zu blöd für den Mechanismus? Wahrscheinlich muss man ihn nur ganz sanft antippen und dann wird die Klappe wie von Zauberhand aufschwingen. Ich blicke auf meine Hände. Wünsche Magie in sie hinein. In der Bedienungsanleitung steht unter dem Punkt *Sonderausstattung* nur ganz allgemein: *Eiswürfelfach.* Außerdem noch *CD-Wechsler* und *Zigarrenschatulle.* Das hilft mir auch nicht weiter. Den CD-Wechsler und das in die Vollverkleidung der Maschine eingearbeitete Etui für die Havannas habe ich gefunden. Nur dieses verdammte Eiswürfelfach nicht.

Ich trete drei Schritte zurück. Vielleicht fehlt mir der nötige Abstand. Manchmal ist man zu nah dran an den Dingen. Auch an Eiswürfelfächern. Ich mache noch ein paar Schritte zurück und kann sie nun in ihrer ganzen Wucht erfassen: die K 1200 LT von BMW. Was für eine dezente Bezeichnung, nur ein paar Buchstaben und

Ziffern, welches Understatement! LT steht für Luxustourer. Hat die Menschheit auf ihn gewartet? Auf das rollende Zimmer mit Aussicht, das in der Ferne zu einem
beruhigenden Stück Heimat wird und wieder zu Hause
erneut zum Versprechen eines anderen Lebens? Die
großzügige Synthese des Reisens, das Zwei-in-einem-
Paket: Ein Motorrad als Schrankwand für unterwegs.
Eine Komfort-Klause. Ach was! Eine Suite auf zwei
Rädern. Ein Wohlstands-Vehikel. Ein Verschwendungs-
Gefährt. Prassen statt rasen. Der pure Überschuss. Die
funktionelle Prachtkutsche. Die K 1200 LT …

Alles habe ich schon gefunden und ausprobiert. Es ist
wie Weihnachten. Oder wie früher im Deutschen
Museum, wo ich als Kind lauter Knöpfchen drücken
durfte und dann züngelten an Elektroden kleine
Flämmchen hoch oder Schaufelräder bewegten sich und
es öffneten sich die Tore eines kleinen, von Wasser
durchspülten Wehrs. Ich hebe und senke das Wind-
schild der BMW, nur durch leichten Druck auf einen
Kippschalter. Lege den Rückwärtsgang (!) ein und fahre
die K 1200 LT einen Meter zurück. Mache das Radio
an. Ich gebe der Sitzheizung Saft und drücke meinen Po
in die Polster. Wenn man ein Motorrad besitzen will,
muss man sich setzen. Es in Besitz nehmen. Es wird
warm. Dann heiß. Mir fällt das Eiswürfelfach wieder
ein. Verdammt! Ich schalte die Sitzheizung eine Stufe
zurück und räkele mich wohlig auf der Beifahrer-Couch,
auch sie ist angenehm durchwärmt. Ein kurzer Blick auf
das Display des integrierten Bordcomputers und ich
weiß: Außentemperatur 13,6 °. Ich finde, man braucht

die K 1200 LT gar nicht zu fahren, man kann sie viel besser im Stand genießen. Ich nehme mir eine Zigarre aus der mit Samt ausgeschlagenen Schatulle, drücke den Anzünder und beginne die Maschine einzunebeln. Das gut aufgeräumte Cockpit (man sieht kein einziges Kabel!) samt Senderdisplay und Armaturen verschwindet im blauen Dunst. Ich gehe noch einmal die 90-seitige *Bedienungsanleitung K 1200 LT* durch. Es muss doch irgendwo stehen. Das Eiswürfelfach. Ich schlage das Stichwortverzeichnis auf. Unter E steht nur *Einfahrdrehzahlen*. Gibt es ein Synonym für Eiswürfelfach? Vielleicht Kältebox. Behälter für Gefrorenes. Glace-Gefach. Frost-Kasten. Unter-Null-Kiste?

Ich lasse das mit dunklem Teppich belegte, beleuchtete Topcase aufschwingen, nehme das Bordtelefon zur Hand und rufe bei der BMW AG an, Sparte Motorrad. Die K 1200 LT gehört mir gar nicht, ich habe sie nur für zwei Wochen geliehen, weil ich einmal in meinem Leben das luxuriöseste Motorrad der Welt fahren wollte. Mit Katalysator und Anti-Blockier-System und Tempomat und Telelever und Paralever und vollem Stereosound bei 140 km/h. Bei BMW heißt das *Luxus wird dynamisch.*

Hallo? Ja, bitte, Holfelder ist mein Name, ich habe ein Motorrad von Ihnen geliehen, die K 1200 LT, und finde das Eiswürfelfach nicht. – Bitte? Nein, ich habe keine Probleme mit der Kühlmitteltemperatur. Das Eiswürfelfach! – Ja, Eis. Ich finde das Fach nicht. Wer könnte mir da weiterhelfen? Könnten Sie mich mit jemand verbinden? Ein Schlag in der Leitung, dann die Warteschleife.

Ein Knacken, ein Herr meldet sich. Kundenservice. Ich erzähle meine Geschichte. Der Herr am anderen Ende der Leitung schüttelt hörbar den Kopf. *Ein Eiswürfelfach?* So was habe er noch nie gehört. *In der K 1200 LT?* Ich solle einen Moment warten. Die Warteschleifenmusik ist inzwischen einige Takte weiter. Ich lege die Zigarre im Aschenbecher ab und lausche. Eis für Drinks. Das braucht man doch. Oder ist das vermessen? Schließlich handelt es sich um einen LT. Luxustourer. Ein erneutes Knacken, ein anderer Herr meldet sich. Abteilung Verkauf. Ich erzähle wieder meine Geschichte. Auch er kann mir nicht weiterhelfen. Noch einmal die Warteschleife. Ich werde unsicher. Sehr unsicher. Sollte ich mich getäuscht haben? Ich bekomme eine sehr nette Sachbearbeiterin für Rückruf-Aktionen an den Apparat. Ob ich ein Problem hätte mit meiner K 1200 LT. Nein, sage ich. Es sei alles in Ordnung. Ich wolle nur mitteilen, dass die Sitzheizung wirklich sehr gut funktioniere. Sie solle das weitergeben, an die Konstrukteure. *Wirklich sehr gute Arbeit. Auf Wiederhören.*

Als ich mich über das Topcase beuge, um das Telefon wieder zu verstauen, streife ich die Lehne des Beifahrersitzes, sie klappt wie von Zauberhand auf, und ich schaue in die geriffelten Eingeweide des Eiswürfelfaches. Wäre ja auch gelacht bei einem Preis von 36000 DM. Ein Luxustourer ohne Eiswürfelfach? Absurd. Nicht bei der K 1200 LT. Nicht mit mir.

Einsam und allein:
Melancholie eines Augenblicks

Bleib auf dem Bock!
Bikergruß

Im Sommer fährt man. Im Winter redet man darüber.
Bikerweisheit

Eines meiner schönsten Erlebnisse beim Motorrad-fahren hatte ich, als ich gar nicht Motorrad fuhr. Ich war noch nicht einmal mit meiner Maschine unterwegs gewesen.

Ich war mit meiner Frau nach Salzburg gefahren, im Auto, zu den Festspielen im August. Wir übernachteten in einer kleinen Pension, in der auch zwei Motorrad-fahrer untergekommen waren. Sie hatten im Hof einen Lieferwagen stehen, einen verbeulten und verrosteten Fiat Ducato, dessen Fenster mit verschlissenen Woll-decken verhängt waren. Doch durch einen Spalt konnte man sie erspähen, die perfekten Boten einer polierten Dingwelt, in der es keinen Verfall gibt und jede Schramme reparabel ist: Da standen sie – zwei neue, teure, feuerrote Ducatis!

Am nächsten Morgen, einem Samstag, rollten sie ihre Boliden über eine Planke aus dem Lieferwagen in den Hof. Ich schaute ihnen zu, meine Frau war gerade im Bad, ich hatte Zeit und lehnte mich auf die Fenster-

bank. Ein leichter Nebel lag auf der Stadt, er kämpfte gegen die zunehmende Helligkeit, aber noch war alles in weiße durchscheinende Watte gepackt, Häuser, Autos und die zwei Motorradfahrer.

Wenn Motorradfahrer sich auf ihre Abfahrt vorbereiten, ist das eine hoch ritualisierte, heilige Handlung. Für mich als Zuschauer war es wie ein Gebet in der milchigen Melancholie des Morgens. Sie merkten nicht, dass ich sie beobachtete. In ein paar Minuten würden sie mit vollgasgepeitschten Motoren davon- und der Sonne entgegenstürmen. Der Moment vor dem Aufbruch ist dagegen wie ein Tal der Stille, alles geschieht in völliger Ruhe, ohne Hast. Zeitlich leicht versetzt zogen die beiden Gestalten drunten im Hof die Reißverschlüsse an ihren Kombis hoch. Fast dieselben Bewegungen. Erst der eine, dann der andere. Jeder für sich versunken in die eingeübten, längst vertrauten Handgriffe, die nicht nur einen praktischen Zweck erfüllen, sondern auch einer inneren Logik folgen; zur mentalen Vorbereitung, dem Sich-Sammeln vor dem Ausritt dienen. Duplizität der Ereignisse. Der eine das Spiegelbild des anderen. Eine Choreographie der Akribie, ein Ballett der Sorgfalt. Die Zahn um Zahn schließende Fahrt des Reißverschlusses von der Körpermitte bis hoch zum Hals. Dann prüften die beiden, ob wirklich kein Fahrtwind in irgendwelche noch nicht verschlossenen, noch nicht verstopften Löcher dringen könne. Sie winkelten kurz die Beine an, um das noch straffe Leder an den Knien zu lockern. Nun waren sie fast fertig. Der eine band sich noch ein Halstuch um den Stehkragen seiner Kombi, der andere zog sich eine Sturmhaube wie

eine Gesichtsmaske über den Kopf. Auch er prüfte bedächtig den Übergang zur Kragenöffnung. Endlich der Druck auf den Startknopf des Motors. Die beiden Maschinen sprangen an. Die Fahrer beurteilten kurz den Lauf der Motoren, bevor sie ihre Helme aufsetzten. Erst ein rasselndes Bollern im Leerlauf, dann ein kurzes, giftiges Fauchen hoch in den Drehzahlhimmel. Der Klang versiegte wieder, fiel zurück ins Blubbern, die beiden wechselten ein paar Worte, ein Nicken, schließlich die Krönung: der Helm. Das vorsichtige Überstülpen, das verheißungsvolle Klicken beim Schließen des Kinnriemens. Zuletzt die Handschuhe. Jeden Finger überprüften sie einzeln, ob er auch richtig in seinem Futteral saß. Das Runterdrücken des geöffneten Visiers beendete den Akt. Ein letztes Verweilen in der meditativ gedehnten Zeit. Dann kam meine Frau aus dem Bad. Ende der Zeremonie. Der Hof war wieder leer, der Nebel nur mehr eine luftige Ahnung und aus der Ferne, schon zwei bis drei Ecken weiter, trug der Wind das giftige Fauchen noch einmal kurz zu mir herauf. Es klang jetzt ein wenig nervös. Der Moment der Stille war vorüber.

Gleich würden die beiden Ducatis auf einer beliebigen Landstraße in den Voralpen an Spaziergängern und Autofahrern vorbeischießen. Ein paar Menschen würden den Kopf schütteln ob des seltsam röhrenden Traums von grenzenloser Freiheit und ins Philosophieren geraten über den Sinn des Motorradfahrens wie auch des Lebens im Allgemeinen.

Mund

Der Mund ist verräterisch. Wenn die Anspannung beim Fahren steigt, in gefährlichen Situationen oder bei Regen, ist er verkrampft, verkniffen oder verzogen. Der Fahrer presst die Lippen zusammen, und wenn er bremsen muss, bremsen die Zähne oft mit. Der Biss wird fester, die Kauflächen mahlen. In der Regel merkt er das gar nicht, es geschieht automatisch. Rennfahrer sind da anders – sie haben die Kontrolle über ihren Mund. Halten ihn auch in extremen Lagen leicht geöffnet, wirken ganz entspannt und sind so viel eher fähig in kritischen Momenten richtig zu reagieren. Das lässt sich trainieren. Ich habe es selbst probiert. Ich habe mir Lockerheit verordnet, die Hände leicht auflegen, die Bauchdecke und den Po entspannen, die Schultern fallen lassen und eben den Mund lockern. Ich habe mir das immer wieder in Erinnerung gerufen, habe mich überprüft, verbessert, kontrolliert und so weiter. Nach rund zwei Wochen hatte ich das Gefühl, nun ganz entspannt zu sein, ja, wirklich gelöst, egal ob die Sonne schien oder ob es regnete.

Kurz darauf unterhielt ich mich mit einem Mann, der einmal Motorradrennen gefahren war und natürlich um das Problem wusste. Er lachte über mein selbst verordnetes Training. Das sei schon gut, ich solle ihn da nicht falsch verstehen, schmunzelte er, aber das mit dem Lockersein nach zwei Wochen sei natürlich Unsinn. Er habe dafür viel Zeit und noch mehr Runden auf der

113

Rennstrecke gebraucht, das ginge nicht so schnell. Ich antwortete, doch, doch, wirklich, und war ganz überzeugt von meinen besonderen Fähigkeiten. Der Rennfahrer meinte, es gebe einen ganz sicheren Trick, die Lockerheit des Mundes zu testen. Man nehme eine Bohne zwischen die Backenzähne, fahre ein paar Kilometer, etwa zum nächsten Dorf und wieder zurück, und er wette mit mir, dass die Bohne dann nicht mehr heil sein würde. Ich machte diesen Test. Einmal. Dann ein zweites Mal. Schließlich ein drittes Mal. Dann gab ich auf. Die Bohne war jedes Mal zerbissen. Viel schlimmer: Ich hatte gar nicht bemerkt, wann das passiert war. Meine Zähne bremsten immer noch mit. Reflexartig.

In den folgenden Wochen achtete ich noch intensiver auf meinen Mund, bemerkte etwa, dass ich beim Herunterschalten vor schwierigen Kurven und dann in der Kurve die Zunge zwischen den Zähnen vorschob. Oder die Backen aufblies. Und beim Bremsen nach wie vor zubiss.

Ich hatte eine Zeit lang immer ein Säckchen Bohnen im Tankrucksack liegen und absolvierte ausdauernd Biss-Proben. Tatsächlich steigerte ich mich, schaffte sogar einmal eine Strecke von 20 Kilometern ohne die Bohne zu zermalmen, aber immer passierte es irgendwann doch.

Manchmal, in der Badewanne oder abends im Bett, stelle ich mir meinen Mund beim Motorradfahren vor. Stelle ihn mir in Großaufnahme vor, einen Dokumentarfilm über meinen Mund, wie er sich verzieht, sich verkrampft, dann wieder locker wird, wie die Zunge zwi-

schen den Zähnen hervorkommt. Es wäre ein lustiger Film, man würde sich vermutlich biegen vor Lachen.

Wie voll doch manche Motorradfahrer den Mund nehmen, wenn sie von ihren Maschinen gestiegen sind. Locker? Aber immer! Mit den Zähnen bremsen? Nie!

Postskriptum über den PS-Wahn
oder
Ich bin das Motorrad,
das du suchst

Fahren heißt glauben.

Während ich diese letzten Seiten schreibe, gibt es bereits Motorräder, deren Beschleunigungswerte nicht mehr allein im üblichen Maß von 0 auf 100 km/h gemessen werden, sondern die in ganz neue Dimensionen vorstoßen. Das 20. Jahrhundert brachte kurz vor Schluss noch Maschinen hervor, die in nur sieben Sekunden von 0 auf *200 km/h* beschleunigen. Mit denen müssen wir jetzt leben. Mit ihnen kann man die Welt hinter sich lassen und raketengleich durchs Universum schweben, ohne Ziel. Das Leben beginnt ab 300 km/h. So schnell sind diese neuen Motorräder. Das Dasein wird Tempo, der Stillstand kommt später. PS bedeutet Potenz. Lebenskraft. Man ist scheinbar unverwundbar in dieser Kapsel aus Geschwindigkeit.

Das Motorrad war einmal die Verlängerung des Pferdes ins 20ste Jahrhundert, also ein durchaus transzendentales Gefährt. Die Suzuki Hayabusa, das erste 300 km/h schnelle Serien-Bike der Welt, markierte im Sommer 1999 endgültig einen Wechsel in der Mythologie des Motorrads, vom gerade noch Spirituellen zum nur noch kraftvoll

Aggressiven. Natürlich ist es ein fantastisches Motorrad und natürlich muss man dessen volle Leistung nicht ständig abrufen. Seine absolute Höchstgeschwindigkeit ist auf unseren Straßen sowieso ein virtueller Wert. Entscheidend ist das Aussehen der Hayabusa, das Design bestimmt letztlich das Sein. Die geduckte Form, eine merkwürdige Kreuzung aus plumpem Insekt und bösem Reptil, suggeriert Angriff und passend zum Jahrtausendwechsel apokalyptische Potenz. Laut Statistik wird die Hayabusa eher von alten Männern als von jungen Draufgängern gekauft. Die Jugend frönt inzwischen anderen Leidenschaften – sie geht lieber Snow-Boarden oder Skaten und genießt den Fun ohne Grenzen. Wird das Motorrad aussterben? Fehlt also der Nachwuchs? Scheinbar bringt es in der Anspannung kurz vor seinem möglichen Ende noch ein paar absonderliche Exemplare hervor.

Ein Motorrad ist kein Fun-Gerät, auch wenn es manche Marketingstrategen als solches verkaufen wollen, als Wunschmaschine mit Spaßgarantie. Als Projektion unerfüllter Wünsche. Wunschmaschinen werden von der Werbung diktiert. Meine persönliche Traummaschine hingegen ist die, mit der ich meine Träume bereits wahr gemacht habe. Sie steht vor meiner Tür und sagt: *Ich bin das Motorrad, das du suchst.* Meine Honda Transalp ist ein Behältnis von Erlebnissen, von bereits erfüllten Wünschen. Ein Archiv meiner Stimmungen. Ich wasche sie deshalb selten. Die Schrammen und der Dreck erzählen von meinen Fahrten, sprechen auch von Verletzlichkeit und Vergänglichkeit. Ich möchte kein glattes, verführerisches Ding als Motorrad.

Natürlich habe ich noch einen Traum: Gerne möchte ich einmal mit dem Motorrad eine Fernreise machen, nach Neuseeland oder durch die Mongolei oder den Karakorum-Highway von Kirgisien über China nach Indien entlang. Ich gebe mich keineswegs der Illusion hin, die Flucht aus dem Alltag könnte mir damit gelingen. Die verzweifelte Reiselust der Frustrierten ist mir fern. Dafür fahre ich zu gerne im Lift hoch zu meinem Arbeitsplatz im zwölften Stock, als Mann in Ledermontur – reglos dastehend, argwöhnisch begafft. Manchmal, wenn ich morgens am Ammersee vorbei Richtung München mit dem Motorrad in die Arbeit fahre, vor allem im Frühling oder im Herbst, beschert mir meine Hausstrecke alle Wunder dieser Welt: Golden glänzt der Nebel über dem Ampermoos, ein paar Bäume spitzen heraus, ein roter Ball hängt über dem Bild. Schöner kann die Sonne auch in Zentralasien nicht aufgehen. Der Alltag hat ohne Zweifel seinen Reiz. Die kleinen, schrägen Erlebnisse. Die Überraschungen in der Routine. Der Witz des Banalen. Das erinnert mich daran, dass ich mich kürzlich, als ich in der Schweiz unterwegs war, kurzfristig entschloss, zu einem am Straßenrand plakatierten Bike-Festival in den Wintersportorten Laax & Flims zu fahren. Ich sah schon fette Harleys vor mir blitzen und sportlich schlanke Italienerinnen meine Aufmerksamkeit erregen. Ich kam an und stellte fest, dass es sich um ein Treffen von Mountain-Bikern handelte. Ich musste laut lachen, schaute ein wenig zu und fuhr vergnügt nach Hause.

Bücher übers Motorradfahren

John Berger: Auf dem Weg zur Hochzeit München, 1996 (Roman über einen Motorradfahrer unterwegs zur Hochzeit seiner Tochter)

Moritz Holfelder: Das Buch vom Motorrad. Eine Kulturgeschichte auf zwei Rädern, Husum, 1998

Melissa Pierson: Über die Leidenschaft, ein Motorrad zu fahren, Hamburg, 1998

Ted Simon: Jupiters Fahrt mit dem Motorrad um die Welt, Reinbek, 1983

Bernt Spiegel: Die obere Hälfte des Motorrads. Vom Gebrauch der Organe als künstliche Werkzeuge, Stuttgart, 2000

Bernd Tesch: Motorrad Abenteuer Touren. Reisende Reifen erobern die Welt (ein Überblick über 262 Motorrad-Reisebücher), Stolberg, 1992, auch direkt zu bestellen über Bernd Tesch, Tel. & Fax 02402/75375

The Art of the Motorcycle. Über die Schönheit der Technik, Ostfildern, 1999 (deutsche Ausgabe des Kataloges zur Ausstellung im New Yorker Guggenheim Museum 1998)

Kleine Philosophie der Passionen

Karl Forster
Segeln
dtv 20038

»…mit einem Wirbel an Erinnerungen und Episoden,
gefühlsam, lyrisch, komisch…«
Süddeutsche Zeitung, München

»›Kurs liegt an.‹ Ein häßlicher Moment. Es ist 2 Uhr morgens,
die Nacht hat keine drei Stunden gedauert, weil wir wieder
nicht in die Kojen gekommen sind. Und jetzt bin ich also
dran. Es sind immer die ersten fünf bis zehn Minuten, in
denen man heftig darüber nachdenkt, warum man sich das
antut. Warum man auf einer 13-Meter-Yacht nächtens durch
das Mittelmeer eiert, nur um irgendwann in irgendeinem Ka-
pheneion einen ›Metrios‹ zu trinken, diesen halbsüßen,
heißen, starken, kleinen griechischen Kaffee, den die Türken
natürlich einen türkischen nennen.

Nun, die ersten Minuten sind vorbei. Das Auge hat sich an
die Dunkelheit gewöhnt. Der Körper bewegt sich im Rhythmus des Schiffes. Man beginnt wieder, eins zu werden mit
dem Meer, das uns seinen Willen aufzwingt. Und es wird dabei kräftig unterstützt vom Wind. Wenn die beiden nicht wollen, dann kann kein Mensch dagegen an. Wobei es, und das
könnte mit ein Grund sein, warum man sich so etwas immer
wieder antut, durchaus Möglichkeiten gibt, Meer und Wind
ein bißchen auszutricksen. Man nennt das Segeln.«

»Karl Forster gilt als ungekrönter König der Ägäis
und vermittelt glaubwürdig und unterhaltsam,
daß es auf dem Boot nicht nur feucht,
sondern auch fröhlich zugehen kann.«
Thomas Grasberger in der AZ

dtv

Kleine Philosophie der Passionen

Peter Würth
Gärtnern
dtv 20036

»Ein Garten ist ein schreckliches Wesen: vereinnahmend, herrschsüchtig, kostspielig, rücksichtslos, eitel, prätentiös und egozentrisch. Trotzdem verehrt ihn der passionierte Gärtner abgöttisch.«

»Ich liebe meine Frau. Und ich liebe unseren Garten. In dieser Reihenfolge. Eindeutig. Bei meiner Frau bin ich mir über die Rangfolge nicht immer ganz so sicher. Wenn sie von der Arbeit nach Hause kommt, ist sie müde und abgespannt, braucht Erholung. Das ist mehr als verständlich. Sie schließt dann die Türe auf, ruft mir ›Hallo Schatz‹ zu und geht in den Garten. Kein Kuß, keine Frage, wie es mir geht, nichts. Sie setzt eben Prioritäten: Wenn bei mir nicht alles in Ordnung wäre, hätte ich sie sicher schon im Büro angerufen. Außerdem bin ich erwachsen und selbständig. ›Ihr‹ Garten aber braucht sie. Er wartet den ganzen Tag lang auf sie, wartet darauf, gewässert, gedüngt, von Unkraut befreit zu werden. Ich kann ja selbst für mich sorgen, einkaufen gehen und mir etwas zu essen machen.«

»**Ein lesenswertes und charmantes Buch – auch zum Verschenken. Statt Blumen.**«
Bild am Sonntag

dtv

Kleine Philosophie der Passionen

Gabriele von Arnim

Essen

dtv 20215

»Gabriele von Arnim macht Lust aufs Essen, auf das Nachdenken über Essen, auf die Zeit vor und nach dem Essen – sie macht Lust auf Genuß.«
Geniessen & mehr

»Mit dem Frühstück beginnt man den Tag, und die Malaise beginnt schon mit dem Wort. Allein um es auszusprechen, muß man die Lippen so unsinnig geschürzt und gespitzt verwölben und einen so unerquicklichen Zischlaut ausstoßen, dem unmittelbar ein hinten im Mund, aber noch nicht im Hals angesiedeltes Keckern zu folgen hat, daß einem der Appetit glatt vergehen könnte. Es ist ein häßliches Wort, das einen häßlichen Mund macht, wenn man es sagt. Ein Wort so ganz ohne Fülle und Laszivität, bei dem man nicht vor-, nicht hin- und schon gar nicht nachschmeckt. Früh-Stück, wer will schon in der Frühe ein Stück zu sich nehmen. Das klingt doch ganz nach harter Kante, nach müdem Draufherumgekaue, nach perfekter Lustlosigkeit.

Ich brauche ein Frühstück. Nicht irgendeins, sondern das richtige. Und genau da beginnt mein Problem. Denn ich weiß nie, wann welcher Geschmack der richtige ist. Und wenn ich falsch schmecke am frühen Morgen, dann ist der Tag gelaufen für mich. Ich spüre es sofort auf der Zunge, im Hals, in der Seele, wenn der erste Biß am Morgen nicht stimmt. Panik zieht ein. Denn ich weiß: Es gibt keine zweite Chance für den ersten Biß.«

dtv

Kleine Philosophie der Passionen

Heiner Geißler

Bergsteigen

dtv 20039

»... ein anekdotischer Querschnitt aus dem Bergtagebuch eines liebenswerten Exzentrikers: gleichzeitig eine Standortbestimmung des modernen Bergsteigers, der die Berge braucht, damit er die Zivilisation da drunten ertragen kann.«
Süddeutsche Zeitung

»Bergsteigen ist ein Abenteuer. Es gehört wahrscheinlich zu den letzten großen Abenteuern, die heute auf der Erde noch möglich sind. Es ist eine immer wieder faszinierende körperliche und seelische, geistige und charakterliche Herausforderung. Es ist, wie gesagt, Leistungssport in wilder und schöner Landschaft, in unmittelbarer Berührung mit der Erde und ihren Pflanzen, mit Fels und Eis in ständiger Abhängigkeit und Beobachtung von Sonne und Mond, den Sternen, dem Wetter, den Wolken am Himmel. Es fordert Können, Umsicht, Solidarität, Moral und Beherrschung der Technik, aber es sollte ein Abenteuer sein, das das Leben schöner macht und nicht vernichtet.«

»Man erfährt viel in diesem kleinen Buch: über das Bergsteigen – und über den Menschen Geißler. Ein guter Tip für Bergfreunde und Politikinteressierte.«
Westfälische Nachrichten

dtv

Kleine Philosophie der Passionen

Elfriede Hammerl

Hunde

dtv 20037

»Es war einmal ein kleiner Hund, der nahm sich einen Menschen. Der Mensch war weder auffallend schön, noch auffallend klug, aber der kleine Hund beschloß, ihn für etwas Besonderes zu halten. Unermüdlich beschäftigte er sich mit ihm. Der Mensch lernte, hinter der Zeitung hervorzukommen und dem Hund zu folgen. Gemeinsam zogen sie durch die Welt. Die Welt lag im wesentlichen zwischen Hauptstraße und Kirchplatz. Schnee säumte die kahlen Äste der Bäume am Straßenrand. Von den gefrorenen Feldern grüßten heiser die Krähen herüber. Der kleine Hund führte seinen Menschen zum Bäcker, wo es nach warmem Brot roch.
Der kleine Hund wartete vor dem Bäckerladen, bis sich sein Mensch Brot gekauft hatte, das er zu seiner artgerechten Ernährung brauchte. Er selber gönnte sich inzwischen eine Nase voll von den Düften, die aus der Fleischhauerei herauswehten...«

»...so erfrischend hundenah, als hätte ihr ein Hund
jede Zeile diktiert.«
Kronen-Zeitung

dtv

Kleine Philosophie der Passionen

Zum Selberlesen und Verschenken – für alle,
die bereits einer Leidenschaft erlegen sind oder
ihre wahre Passion noch suchen

Frank Lämmel
Autofahren
dtv 20164

Heiner Geißler
Bergsteigen
dtv 20039

Eva Gesine Baur
Dessous
dtv 20265

Gabriele von Arnim
Essen
dtv 20215

Barbara Bronnen
Friedhöfe
dtv 20096

Johannes Dräxler
Harald Braun
Fußball
dtv 20162

Peter Würth
Gärtnern
dtv 20036

Bernd C. Sucher
Gäste
dtv 20097

Bernd Schroeder
Handwerken
dtv 20267

Elfriede Hammerl
Hunde
dtv 20037

Renate Just
Katzen
dtv 20095

Ulrich Pramann
Laufen
dtv 20161

Kleine Philosophie der Passionen

Zum Selberlesen und Verschenken – für alle,
die bereits einer Leidenschaft erlegen sind oder
ihre wahre Passion noch suchen